智慧救援伤情评估与辅助决策

郑静晨 ◎ 主编

中国科学技术出版社

·北京·

图书在版编目（CIP）数据

智慧救援伤情评估与辅助决策/郑静晨主编. —北京：中国科学技术出版社，2020.4

ISBN 978-7-5046-8611-4

Ⅰ.①智… Ⅱ.①郑… Ⅲ.①突发事件—救援—研究 ②医学—救援—研究 Ⅳ.①X928.04 ②R129

中国版本图书馆CIP数据核字（2020）第037284号

策划编辑	王晓义
责任编辑	王晓义
封面设计	孙雪骊
责任校对	张晓莉
责任印制	徐　飞

出　　版	中国科学技术出版社
发　　行	中国科学技术出版社有限公司发行部
地　　址	北京市海淀区中关村南大街16号
邮　　编	100081
发行电话	010-62173865
传　　真	010-62179148
网　　址	http://www.cspbooks.com.cn

开　　本	720mm×1000mm　1/16
字　　数	160千字
印　　张	12.75
版　　次	2020年4月第1版
印　　次	2020年4月第1次印刷
印　　刷	北京虎彩文化传播有限公司
书　　号	ISBN 978-7-5046-8611-4 / X·140
定　　价	89.00元

（凡购买本社图书，如有缺页、倒页、脱页者，本社发行部负责调换）

编　委　会

主　编　郑静晨

副主编　郝昱文　李晓雪

编　委　(按姓氏笔画排序)

王立军　刘　洋　刘　博　刘久弘　许梦晨

李　明　李　贺　李　琪　李争平　杨　杨

宋国兴　陈　冬　赵彦功　姚　远　高志鹏

高宏凯　高若妍　郭　峰　焦小杰　穆学涛

主编简介

郑静晨，中国工程院院士，主任医师，教授，国务院应急管理专家组专家、灾害救援医学北京市重点实验室主任、中国国际救援队首席医疗官。中国人民解放军总医院第三医学中心救援医学工程管理专家。我国灾害救援医学的主要开拓者之一，主持构建了灾害救援医学工程体系。于2001年与国家地震局合作创建了我国第一支中国国际救援队，先后参加或组织了印度尼西亚海啸、"1·12"海地地震，以及我国"5·12"汶川地震、"4·14"玉树地震等30余批次重大灾害救援行动。2009年和2014年中国国际救援队连续两届通过联合国"国际重型救援队"考核验收，被我国政府称赞为"国家队伍、国家使命、国家形象、国家品牌"。曾经获国家科学技术进步奖一等奖1项、二等奖1项，"全国优秀科技工作者"荣誉称号，何梁何利基金科学与技术进步奖、光华工程科技奖，吴阶平医学奖、吴杨奖。入选"军队科技领军人才"，荣立一等功。团队被表彰为"国家级应急专业力量建设先进单位"，荣获全军科技群体创新奖，荣立集体一等功。

从顶层设计到末端实施
探索建设我国智慧医疗救援体系
（代序言）

我国是世界上受自然灾害影响非常严重的国家之一。习近平总书记一直高度重视防灾减灾救灾工作。他指出："人类对自然规律的认知没有止境，防灾减灾、抗灾救灾是人类生存发展的永恒课题。"中国人民解放军总医院第三医学中心的救援医学专家团队正是这样一支活跃在国际人道主义救援行动一线的中国力量。他们代表中国，不仅从灾害救援行动中总结教训、积累经验，更在进行深刻思考、积极创新，被政府誉为"国家队伍、国家任务、国家形象、国家品牌"。

借鉴西方发达国家融部队、消防及医疗于一体的救援指挥系统发展经验，2001年，经党中央、国务院、中央军委批准，原中国地震局、工兵部队和中国人民解放军总医院第三医学中心联合组建了由医疗救护、搜索营救和地震方面专家组成的中国国际救援队。该国际救援队曾先后30批次赴印度尼西亚、巴基斯坦、海地，以及我国的汶川、玉树等地执行任务，协助灾区进行紧急医疗救援、疫病防治、搜救和地震灾后恢复重建工作，是我国出队次数最多、施救范围最广、救治人数最多的救援队，也是我国第一支通过联合国认证的重型救援队。

"行之力则知愈进，知之深则行愈达"。20年来围绕灾害救援医学这一门新兴学科的研究、探索和实践历程告诉我们，立足救援实际需求开展科技创新是学科发展的必由之路。创新动力源于需求，创新成果须接受实战检验。现场医院快速部署系统、直升机应急医学救援装备平台、智能拓展方舱医院等一批自主研发的骨干卫生装备投入救援一线，显著提升了救援行动能力。救援医学专家团队先后获得国家科技进步奖一等奖1项、国家科技进步奖二等奖2项、全军科技创新先进群体奖，荣立集体一等功1次。

人工智能、物联网、传感技术、边缘计算、5G等新技术、新材料和新算法的涌现，成为灾害救援医学发展的新引擎。中心的救援医学团队以时不待我、只争朝夕的精神开启了一段崭新的历程。2013年，"北斗之父"孙家栋院士与救援医学的重要开创者郑静晨院士共同申请了国家战略新兴产业发展专项"重大灾害医学救援卫星综合应用服务示范"，率先提出了"智慧救援"的理念及项目。"智慧救援"是综合应用北斗卫星导航、云平台、大数据等技术构建重大灾害医学救援卫星综合应用信息服务平台；研制了医学救援响应辅助决策系统、救援现场医疗救治系统和基于北斗的医疗资源指挥调度系统软件，在国内首次搭建了多级救治机构体系示范、多种灾害救援体系示范和合成演练示范体系；推进了北斗卫星应用技术在救援医学领域的产业化发展，得到了有关主管部门的充分肯定，部分研究领域受到国际同行的称赞。《智慧救援伤情评估与辅助决策》一书正是在国家战略新兴产业发展专项的支持下完成的，也是该项目成果的组成部分。书中详细回顾了国内外伤情评估与决策辅助系统的现状，梳理了这个领域迫切需要解决的科学问题，阐述了功能实现方案，为建立智慧医疗救援体系提供了一种解决路径。该书的编写者既是国家课题的承担者，也是执行国际紧急医学救援任务的骨干队员。这本书不仅是团队理性思考的成果，而且承载着对医学事业饱满的热爱和追求。

近年来，我国政府对急救复苏和灾难医学学科建设日益重视。2018年，成立应急管理部，为灾难医学职业化、专业化发展指明了方向。救援医学发展迅速，呈现更早、更快、更准、更强的发展趋势，逐渐从临床医学舞台的补充地位走向中央。2019年是5G发展的起步年和关键年，它将给我们以后的工作和生活带来改变，助力人们进入信息技术打造的智能医疗新时代，为传统的医疗卫生行业带来新的变化和发展动力，而信息通信业与医疗行业的融合创新也将迎来更大的发展机遇。"坚冰已经打破，百舸正在启航"，新时代、新趋势，对广大医务工作者提出更高的要求和挑战，希望我们的团队顺应时代的变局，砥砺前行、创新守正，展现新作为，再创新佳绩，为祖国贡献应有的力量！

解放军总医院第三医学中心主任

刘 亮

二〇一九年十月十五日

目 录
CONTENTS

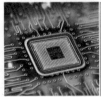

第1章

绪　　论

研究背景

　　在世界范围内，自然灾害由于广泛性、频繁性、不可重复性及不确定性等特点，造成的破坏范围广、强度大。仅地震、洪水、火灾、冰雪灾害、飓风、海啸和传染病就造成了每年数以万计的人员伤亡和严重的经济损失，给世界稳定和社会发展带来巨大隐患。另外，人为的灾难如交通运输事故、恐怖袭击及涉外突发事件等，也具有突发性、频繁性和不确定性的特点。事故发生后，也会造成人员伤亡和财产的巨大损失。上述事件都属于突发公共事件，即突然发生，造成或可能造成重大人员伤亡、财产损失、生态环境破坏和严重社会危害，危及公共安全的紧急事件。根据事件发生的过程、性质及机理，突发公共事件主要分为自然灾害（水旱灾害、气象灾害、地震灾害、海洋灾害及森林草原火灾等）、事故灾难（交通运输事故、环境污染及生态破坏等）、公共卫生事件（传染病疫情、群体性不明原因疾病、食品安全及动物疫情等）及社会安全事件（恐怖袭击、经济安全事件及涉外突发事件等）。

　　中国是世界上自然灾害类型多、发生频繁、灾害损失非常严重的少数国家之一。在过去的40年中，每年因灾经济损失约占同年国家财政总收入的1/6。近年来，灾害直接经济损失每年不低于1000亿元。2008年年初，中国南方的低温雨雪冰冻灾害造成了1516.5亿元直接经济损失。2008年5月12日的"5·12"汶川地震属于里氏8.0级特大地震，更是造成了死亡69227人、失踪17923人、受伤

374643人，直接经济损失达8451亿元的灾难性损失。

突发公共事件发生后，尽可能减小造成的危害，实施紧急救援，是有效减轻人员伤亡、防止灾害进一步扩大、迅速安定民心的关键。例如，在地震发生后，及时、高效、有序地进行生命救助，减少人员伤亡，是震后抢险救灾的首要任务。据有关资料表明，震后72小时内是救援被困人员的黄金时段。所以，重视和大力开展地震灾害现场生命搜索与救援理论和方法的研究及如何科学高效地救助更多的被困人员显得重要和迫切。而在事件发生后，政府、医院往往不能很好地协调各方力量，导致医疗救援对突发公共事件的救援效率大大降低。医院应急管理机构各部门之间也存在协调不一致和工作衔接不紧密等问题，从而直接影响了救援工作的开展。

重大突发公共事件具有受灾面积大、影响范围广、持续时间长、受灾人群多的特点，存在应急资源需求量大、需求点多，资源供应容易出现不足的问题，

影响灾害前线应急救援工作的开展。应急资源调度的总体目标是在爆发突发事件时，应急管理主体能够保证快速、高效、经济地实施应急处置方案，保证医护人员救助伤病人员，维持受灾群众基本生活等方面救助资源的需要，将伤亡人数降到最低。

实现智慧救援的重要举措是要保证救援现场通信及与后方指挥部门的信息反馈畅通，建立应急管理平台。2006年出台的《国务院关于全面加强应急管理工作的意见》把"推进国家应急平台体系建设"列为"加强应对突发公共事件的能力建设"的首要工作，明确指出"加快国务院应急平台建设，完善有关专业应急平台功能，推进地方人民政府综合应急平台建设，形成连接各地区和各专业应急指挥机构、统一高效的应急平台体系"。

应急平台的应用推动应急管理工作关口前移、重心下沉。应急平台的建设工作，应坚持以应急管理流程为主线，强化公共安全科技的核心内涵作用，以信息技术为手段，充分利用电子政务资源，立足自主创新并加强工程实践，稳步推进技术标准化建设。应急平台建设是应急管理的一项基础性工作。各级政府应从实

际出发进行建设，并在使用中不断完善，加强地区间、部门间沟通协调，及时通报情况和交流建设经验，使应急平台在日常应急管理和突发事件应对处置过程中发挥出应有的作用。

现有的应急管理系统大多针对某一特定事件，既缺乏对所有灾害事件的全面分析与决策，也没有将灾害应急救援纳入系统中，而且系统分析的数据信息来源单一。事件发生的信息往往不局限于某一部门，而是涉及多个部门，甚至涉及其他社会机构的信息。这些信息具有信息量大、来源广、复杂、多样化等特点，使系统需要处理的数据量极大从而造成实时性不够，在一定程度上降低了救援的效率。为保证这类信息传递及时、高效，应建立完善的信息采集、传输、处理的基础设施和救援决策平台。一个高效的伤情评估与救援决策辅助系统，可以提升应对突发公共事件的能力及减少突发公共事件危害。

本书介绍的伤情评估和救援决策辅助系统作为重大灾害医学救援卫星综合应用的重要组成部分，能够整合多个部门及其他社会机构关于这类突发公共事件的信息，通过分析这些大量的信息可以实时地给出伤情评估报告及产生救援应急预案，为灾害救援提供决策依据及方案。该系统能够支持多源异构大数据的采集，系统数据来源丰富，通过对这些数据分析处理，使最终预案的生成更加精准可信。同时，该系统采用了Hadoop分布式的架构，提高了数据分析处理的速度。该系统还考虑到现实问题，支持专家介入和现场数据回传的方案重构。专家介入可以加大预案的可信性和可行性。另外，该系统引进了云计算技术，在生成预案的同时，能自动按预案下发分配的工作。系统还具有动态扩展、功能叠加及应用范围广等特点。

我国是世界上受自然灾害影响非常严重的国家之一，面对严峻的灾害形势和挑战，创新为民、科技救灾，以最大限度地减少灾害对公众健康的危害和挽救人民的生命安全为基本目的，充分发挥软科学研究创新能力，构建这种灾害伤情评估以及救援决策辅助系统有着重大的意义。

完善和提升国家应急医疗救助能力

本书的研究内容涵盖了灾情评估、灾害信息管理与服务、灾害救援决策等方面，是重大灾害医学救援卫星综合应用的重要补充。在各种灾害及衍生灾害频发的今天，本研究成果为政府和科技部门提供未来中长期建设规划提供决策依据，对提高我国处理各类灾害的能力，加快我国防灾减灾"理论→技术→产业"体系的构建进程，具有深远意义。本书研究成果覆盖范围广泛，不仅可用于各类重大自然灾害，而且适用于应对多种社会安全事件和特大安全事故的应急处置，在未来信息化战争特殊环境下，同样适用于战场医学救援。本研究成果，对保卫灾害环境下人民群众生命财产安全，提高战争条件下战场救治能力，均提供了有力的技术支持和科技支撑。

推进灾害医学救援研究与实践发展

我国灾害医学救援体系是在大量实践探索的基础上完善并逐渐建立起来的。目前，符合我国国情的灾害救援理论框架已基本建立，在此基础上，将定量分析、智能决策等关键技术应用到本系统中。本成果既是灾害医学救援研究的实践，也是实现快速提高我国灾害医学救援能力的有效途径，符合加快我国防灾减灾体系建设步伐的客观要求，对带动不同领域学科交叉发展，提高我国灾害医学及防灾减灾工作的综合研发能力，将技术快速应用于实战，必将起到积极的推动作用。

提升救援信息化技术自主创新能力

本书坚持立足我国实际国情展开，不断提高自主创新的能力，主要体现在两方面：一方面，科学认知创新。各种自然灾害的发生、发展和演变都有其自身的规律和特点，特别是要重点研究地震、泥石流、海啸、恶性传染病等危害大、破坏强、影响广的重大灾害所导致的危害与应急处置需求，为灾害响应和科学救援提供决策支撑。另一方面，技术支撑创新。不同类型的灾害类型对灾害医学救援提出不同的需求，加强信息技术研究，为开发新生代灾害医学救援的新技术、新装备和新产品提供研究方向。

具有重要社会、政治、军事效益

本书的推广与转化可为国家灾害医学救援提供科学有效的行动指南，能够提高国家防灾、减灾、救灾的综合能力，更好地保障人民群众生命财产安全，促进社会和谐发展。在政治方面，开展国际救援展示了中国在国际救援舞台上不可替代的大国地位；通过救援外交，发展睦邻友好，为我国的经济社会发展赢得良好外围环境。本书成果还可应用于解放军及武警部队非战争军事行动的医疗救援，如反恐处突、涉外突发事件及国际维和等任务，为部队圆满完成医疗救援任务提供后勤保障和科技保障。

伤情评估与救援决策辅助系统需要解决的关键问题

针对中国灾情复杂、灾害频繁的特点，研发面向医疗应急救援的伤情评估与救援决策辅助系统需要解决如下的关键问题。

数据量大、种类多，采集和清理数据的难度较大

系统的数据来源十分广泛，如医院内部的人员、物资信息，灾害历史信息，外部系统接口（卫星综合应用机构、气象局及地震局等）获取的灾害所在地信息以及在线爬取的微博社区灾害信息等。对于微博数据目前只能在爬取后对数据批量分析，不能实时传递到 Hadoop平台，导致数据分析滞后；非结构化数据的提取涉及图像识别和分析，加大了系统识别的难度；处理如此大规模、种类繁多的异构数据，进行数据的清理筛选和转换集成成为系统开发中的难点。

灾情信息复杂，涉及面广，建立灾情评估模型较困难

医院需要应对的社会突发公共事件的种类繁多，信息面广。如何对各类灾害进行比较区分，依据各自特点建立合理的灾害评估模型，并综合引入广泛的灾情实时信息进行灾害规模评估是影响系统功能实现效果的重要因素。

多属性的数据关联分析效率堪虞

系统要求生成合理应急预案的实时性强，生成需要依据评估结果，综合灾害实时信息和专家干预方式进行。因此，如何在协调各类信息来源的基础上提高应急预案的生成效率，保证应急预案的实时性是系统开发中需要解决的重点难题。

云端一体化业务平台

系统个人计算机（PC）端与移动端的业务需要协同。系统建立以云推送的方式进行人员物资调动的机制，并支持现场救灾人员通过移动终端向系统反馈现场的实时信息。如何保证调度信息的准确快速推送以及现场信息的即时反馈，实现PC端与移动端的业务协同是一个主要技术难点。

国内外伤情评估与救援决策辅助系统的现状

近年来，突发公共事件频发，严重影响了人类正常的生产和生活。为应对各种突发公共事件，美国、加拿大、英国、日本等发达国家都建立了比较完备的应急机制和管理体系。美国主要应对突发事件的"紧急事务管理系统"（Emergency Management System，EMS），加拿大从20世纪60—70年代着手建立的应急管理机构，现在已经形成了一套相对完善行之有效的应急系统。欧洲五国在尤里卡计划下研制"重大紧急事件智能管理系统"（Major Emergency Intelligent Management System，MEMS）。日本的主要针对自然灾害的"灾害响应系统"（Disaster Response System，DRS）等，对人类抗御各类灾害起到了积极的作用。随着社会的发展，各类自然灾害和事故灾难的应急救援管理越来越受到各国的重视。

我国幅员辽阔、地理条件复杂，许多地方同样遭受着严重自然灾害的侵袭和威胁，我国在如何有效提升应对自然灾害能力方面还面临着诸多的问题和困难。在卫星综合应用的条件下建立和健全伤情评估和救援决策辅助系统，同样是我国全面提升应对突发公共事件的能力、减少突发公共事件危害的重要手段。我国目前还没有

建立一套完整的处理突发公共事件的伤情评估与救援决策系统，当面对复杂的突发事故，政府、医院不能很好地协调各方力量，从而大大降低了医疗救援对突发公共事件的救援效率。医院应急管理机构各部门之间也存在协调不一致和工作衔接不紧密等问题，从而直接影响了救援工作的开展。

从20世纪90年代开始，随着突发公共事件发生频率的增加，各国也开始进行各种检测预警支撑技术的研发，促进了应急救援辅助决策系统在各个领域的飞速发展。美国联邦政府建立的森林防火应急管理系统、消防应急系统、互联网应急管理系统等，这些系统都有预防、快速响应等功能，为突发事故的指挥调度起到了积极的作用。目前，各国专家都在开始研究基于模型、基于数据，以及基于知识等方向的应急决策支撑系统。

从应用领域的角度来看，目前国内外比较经典的应急救援系统如下：

1.日本兵库县Phoenix灾害管理系统

日本是世界上遭受自然灾害侵害严重的国家，各种形式的自然灾害给日本政府和人民带来了难以估量的损失。在长期应对自然灾害的实践中，日本也加强了相应的救援辅助系统建设。Phoenix灾害管理系统是基于阪神地震实际经验教训建立的防灾响应系统。日本兵库县Phoenix灾害管理系统是兵库县防灾中心的核心系统，也是现时日本最完善的防灾应急系统（图1.1）。

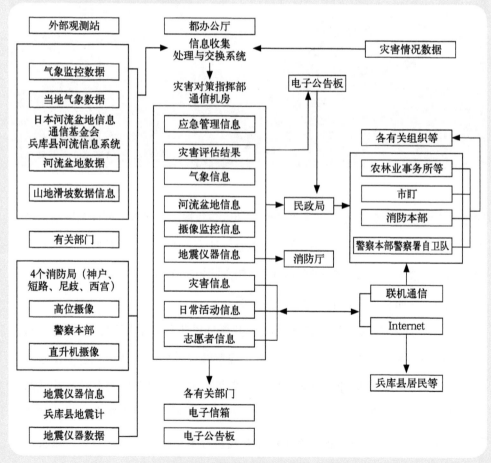

图1.1 日本兵库县防灾中心工作数据流程图

Phoenix灾害管理系统实现机制主要是针对地震灾害和所获取的信息,做出初始的对策,分别为供应需求评估分析、救灾活动总览及收集和提供数据。具体内容包括生命救助对策、死亡人员对策、灭火对策、受灾人员对策、次生灾害防止对策、伤员救助对策、运送系统恢复对策、生命线系统恢复对策。该系统所提供的气象信息、灾害评估信息和实际破坏情况报告,可为各种重要的决策制定提供依据。在无灾害的情况下,该系统从台站获取气象信息,为日常的行政管理提供服务,并且将这些信息处理后与当地公众共享。

Phoenix灾害管理系统的不足:

(1)该系统的主要功能是进行灾害预警、灾害分析和灾害评估,没有将灾害应急救援纳入系统。灾害应急救援在灾害发生过程中最为重要,涉及人员物资的分配和调度,由于系统没有将灾害应急救援纳入,导致面对复杂的突发事故时,政府和相关组织不能很好地协调各方力量,从而大大降低了医疗救援对突发公共事件的救援效率。

(2)该系统工作流程单一,而实际灾害的发生受到多重因素的影响,分析灾害事件数据需要融合多源异构数据来判断可能状况,生成对应不同预案。该系统未考虑多重灾害侵袭等意外突发状况的分支数据流程的解决方案,使系统功能局限。

2.北京市房山区环境污染突发事件应急决策支持系统

环境污染突发事件,不仅对社会公众的生命、财产、健康等构成威胁,同时还会对生态、环境等造成不可弥补的损失。北京市房山区是废水、废气排放大区,区内环境风险单位众多,极易发生重大环境污染、突发环境事件,为了有效应对环境污染突发事件,降低其造成的负面影响,需要做好应急工作。该系统是北京林业大学测绘与3S技术中心为房山区开发的环境污染突发事件应急决策支持系统。系统针对环境污染突发事故应急管理中存在的问题,建立科学的管理体系和应急决策支持系统,提高了环境应急管理水平和应急救援辅助决策能力。

该系统包括人机对话子系统、数据库管理子系统、模型库管理子系统、方法论管理子系统、知识库管理子系统，实现最终预案生成（图1.2）。每个子系统实现相应的子功能，人机对话系统输入事件数据，数据库管理系统存储系统涉及人员、物资等数据，方法论是预案生成的核心算法的集成，知识库管理系统存储历史灾害数据，最终的预案包括最终的人员分配、物资分配、路线规划等。

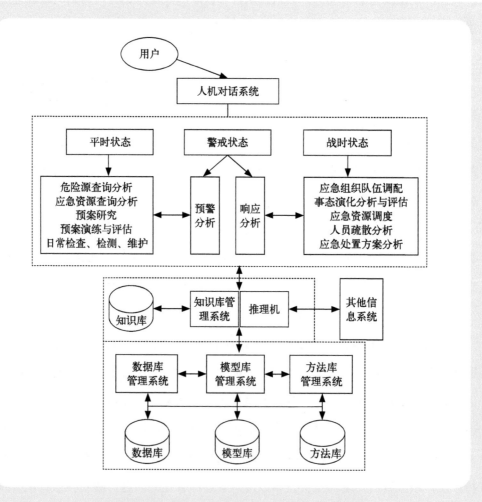

图1.2 环境污染突发事件应急决策支持系统框架图

环境污染突发事件应急决策支持系统的不足：

（1）该系统分析的数据源来源单一，只有监测的数据，数据来源不够实时和丰富，导致对数据的传递、分析不够实时精准，最后预案生成的结果受到影响。

（2）该系统涉及的数据量极大，包括结构化数据和非结构化数据。该系统对异构数据源没有设计相应的数据处理框架，导致数据分析处理过程复杂、耗时，影响了预案生成速度，降低了应急救援效率。

（3）该系统针对环境污染这一特定事件，缺乏对所有灾害事件的全面分析决策，使系统的应用范围有局限。

3.全国森林防火管理信息系统

森林资源是国家的重要资源财富，世界各国都将森林的保护提高到关乎人类生存的高度。对森林造成破坏最大的是森林火灾，为了适应现代化的森林防火工作需要，提高森林火灾监测的准确度、加快森林火灾监测信息的传输速度、增加对森林火灾信息处理的手段，满足森林防火工作中对信息处理、信息发布等信息管理工作的需求，国家林业局森林防火办公室委托国家林业局信息中心开发了全国森林防火管理信息系统。

该系统功能包括：文献管理、报表管理、调度值班、防火物资、信息专递以及系统管理等（图1.3）。其中，文献管理包括各类防火文献的提交、浏览和查询；防火报表管理是系统的核心，涉及计算用户提交的数据、信息文件，生成指定的统计报表或图表，以及对信息的查询、统计和分析等，最终产生调度值班的结果；调度值班功能主要涉及监测卫星图像管理、火情实况的管理、值班日志管理等；防火物资管理是全国四大防火物资库的宏观管理；信息传递主要是国家林业局森林防火办内部的电子邮件系统；系统管理涉及信息系统的部门、人员维护、人员的访问权限、提交权限的设置，以及系统参数的设置等。系统提高了森林防火管理部门的工作效率，满足了各级森林防火指挥中心日常工作、值班管理、指挥和监控调度等需求。

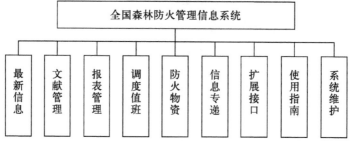

图1.3 全国森林防火管理信息系统功能模块结构

全国森林防火管理信息系统的不足：

（1）系统数据来源单一，只有卫星监测图片；数据来源不够实时和丰富，导致对数据的传递、分析不够精准。数据源的单一性也导致了系统不能实时预报和监测森林火灾信息，对实时控制火情、减少受害森林面积有一定影响。

（2）系统工作流程单一，未考虑意外突发状况（如防火物资突然短缺、信息系统故障，卫星图片传递延迟等）的分支数据流程的解决方案。

（3）系统针对森林防火这一特定事件，缺乏对所有灾害事件的全面分析决策，使系统的应用范围局限。

综合以上这些案例，本书的伤情评估与救援辅助决策系统具有以下优势。

（1）本系统是国内首个面向应急医疗救治救援的决策支撑系统。我国目前还没有建立一套完整的、处理突发公共事件的伤情评估与救援决策系统。在面对复杂的突发事故时，采用本系统可以协调各方力量，大大提升了医疗救援对突发公共事件的救援效率，同时也增加了医疗救援各个部门之间的耦合性。

（2）支持多源异构大数据的采集、汇聚和统一分析。系统数据来源丰富，数据源涉及卫星、地震局、天文台、医院、微博,以及手工录入等。系统支持与外部信息系统的接口开发,使系统可以采集到大量多层次、多角度的数据,通过对这些数据分析处理,使最终预案生成的结果更加精准可信。同时,该系统对于大量的异构数据源采用了Hadoop分布式的架构,增加了数据处理分析的速度,使可信预案的快速有效生成得到了相应的保障,提高了医疗队应急救援效率。

(3)支持系统动态扩展和功能叠加。系统的动态扩展和功能叠加使系统可以实时优化。同时,在系统开发的后期需要系统的动态拓展和功能的叠加,使系统架构更加健全,功能更加丰富,提高系统开发的质量。

(4)支持基于专家介入和现场数据回传的方案重构。系统生成的预案最终需要专家介入、审核才会发布给相关工作人员。应急预案的生成和发布涉及大量的人员、物资,同时也需要考虑很多现实问题,专家的介入加大了预案发布的可信性和可行性。

(5)支持云端一体化的预案发布和信息互动。系统引进云技术,在生成预案的同时,自动生成预案下发分配的工作。将预案中涉及的具体工作安排、工作内容,以及其他一些需要注意的事项通过云端发布到每一个救援工作人员手中。同时,在救援现场,救援人员也可以通过系统终端的采集反馈,将现场的具体情况数据发回,系统会根据这些数据对已生成预案进行一定量的修改,实现实时调控、评估预案的功能。

(6)系统应用范围广。本系统涉及多种突发公共事件,包括自然灾害、事故灾难、公共卫生事件、社会安全事件,对这些灾害事件都有全面的分析和决策。另外,该系统包括了灾害预警、灾害分析、灾害评估和灾害应急救援四方面,涉及了灾害发生的整个过程,使系统应用范围更广。

研究内容

　　本系统针对公共突发事件的发生，遵循"及时、自动、智能"的原则，研发伤情评估和救援决策辅助系统，是重大灾害医学救援卫星综合应用服务示范书的重要组成部分。系统采用数据采集和处理技术采集、分析和整合各类灾情基础数据，构建灾情评估模型生成伤情评估报告及囊括救援人员、装备编组、车辆调配等在内的应急救援预案，并支持预案自动分配至相关人员。

1. 数据采集与处理

　　（1）数据采集。随着在应急救援领域卫星通信、无线传感器和智能设备等的广泛使用，灾情数据信息总量呈指数级爆炸式增长，数据层次也越来越复杂，从海量数据中提取信息的能力正快速成为战略性发展方向和需求。本书通过爬取技术、调用外

部接口、卫星通信等技术对各类灾情基础数据进行采集。丰富了数据源层次，增强了应急预案的可靠性。

本书的数据源主要来源于四方面：

1）基于爬取技术的互联网开放数据采集。对微博数据爬取和采集，选择部分官方新闻、报刊媒体的微博进行爬取；对普通的微博用户，系统根据关键字爬取与灾害有关的微博。

2）基于接口技术的信息系统数据采集。鉴于地震局、天文台等对外提供相应的调用接口（例如，国家气象局对外发布的天气预报信息接口），可在系统中远程调用此接口，获得灾害地区的当日和预计几天后的灾害和气象信息。

3）面向非结构化数据的数据采集。非结构化数据的获取来源于卫星遥感图片和智能终端等拍摄图片。

4）面向人工输入的数据采集。系统生成的预案最终需要专家介入、纠偏、审核，然后再发布给相关工作人员，增强应急预案发布的可信性和可行性。

（2）数据清洗。数据清洗是要检测并且除去灾情基础数据中所有明显的错误和不一致，并尽可能扩展到其他数据源。对系统采集的大量灾情基础数据，本书将搭建一个基于网络知识的数据清洗框架。先将本地的关系数据中的元组进行分类，将其中确定正确的元组数据进行抽样并在Web上进行交互，以基于互联网检索内容的模糊匹配为手段，获得其相应的文本模式知识。然后，利用找到的模式知识，对本地数据中存在质量问题的数据进行基于网络知识的清洗。

（3）数据集成。从互联网获取的数据具有形式多样、表达自由、发布随意等特点，数据融合和数据集成的目的是通过集成同一领域中的多个数据源，为用户提供更加全面、高质量的数据信息。但由于不同数据源的数据质量和描述不同，不同的描述数据之间可能存在冲突，而这些冲突数据的存在会严重影响集成数据的质量。本书为了统一实体描述的不同表达、消除冗余数据，需要研究如何识别同一实体的不同表象，即实体统一。针对数据集成中Web实体描述多变体及属性缺失的现象，充分利用实体表象的属性、上下文及关系三方面的特征，综合运用多种相似度度量方法，研究适应Web数据特点的实体统一方法，提高实体统一的准确度。

2. 非结构化数据的存储管理

在数据的采集过程中，系统不仅要采集结构化的数据，还包括其他技术手段获取的大量非结构化的数据，诸如图片、视频、语音等。如何存储管理这些非结构化数据也是本书要考虑的重要问题之一。非结构化数据包含复杂的内容，并具有不同的结构特点，传统关系数据库无论从描述能力上还是从管理数据的规模上都无法应对非结构化数据管理的要求。因此，需要研究分布式存储与并行处理模型与架构，这种架构应具有高度并行化与扩展性，以保证大数据的处理效率。

3. 灾害规模及伤情评估

为了较真实地反映灾害破坏程度及人员伤亡情况，本书以灾害事件为研究对象，梳理并完善灾害及其评估的相关理论，总结灾害评估的理论与方法，并根据本书的实际需求，建立基于风险等级和损失等级的评价模型，实现评估结果的合理性、准确性和实用性。

研究内容主要包括以下方面：

灾害规模及伤情评估基本理论分析。灾害规模伤情评估的相关概念界定和辨析，灾害事件各项数据与伤亡情况的影响因子及影响机理分析。

知识库的研究与构建。要实现应急预案动态生成，需要建立相应的知识库。知识库主要指的是历史灾害库，分别存储历史灾害事件和对应预案的处理流程、处置方法和资源调用等，为应急预案生成的可靠性提供相应保证。

灾害规模及伤情评估模型研究。在分析已有的灾害评估方法和模型优缺点的基础上，根据历史灾害信息、灾区的人口密度、经济发达程度和防灾抗灾能力等具体信息，构建灾害规模及伤情评估评价模型，增强应急预案的可靠性，从而降低人员伤亡和物质损失。

4. 救援决策

根据灾害规模及伤情评估得到的相关信息生成应急预案，然后根据应急预案进行救援决策。本书研究的救援决策内容主要包括救援人员和救援物资的调度。

（1）人员调度。救灾人员调度主要包括确定救援人员数量及分配方案，主要根据灾害的规模及伤情状况，确定救援人员的类型、数量及具体构成。研究的主要内容如下：

确定救援人员能力的评价各项指标，然后利用组合赋权的方法，确定各评价指标的权重，并建立科学合理的人员评价体系；

根据人员能力评价结果，从灾害现状出发，根据实时获得的灾情信息，构建救灾人员智能调度模型，实现救灾人员的智能调度。

（2）物资调度。应急救援物资的配置、调度和运输是应急预案生成中的主要内容之一。本书综合考虑灾害发生的类型及伤情状况，确定救灾物资的调配优先程度，科学合理地分配优化救灾物资；在救援车辆调度优化方面，根据天气、路况等信息，规划运输路线，以时间最短和出救点最少为目标，结合运输成本的大小，根据物资调度算法，建立多目标函数模型，确定最佳的物资调度方案。

第2章

系统需求分析

系统总体需求

本书成果的使用对象为各级灾害救援队的决策管理人员。本书成果的使用环境为各级灾害救援队的指挥中心。

1.系统总体目标

（1）系统可在灾后10—15分钟对人员伤亡做出评估。

（2）系统在30分钟内可自动生成相应的救援预案。

2.用户群体特性分析

本系统的使用对象为各级灾害救援队的决策管理人员。该用户群体对灾害事件各种属性、灾害评估的流程、应急预案的内容等较为了解。本系统按照标准流程开发，生成的预案符合已订标准。

3.外部接口需求

（1）基于微博、论坛的数据采集接口，运用爬取技术对互联网开放数据进行采集。

（2）国家气象局对外发布的天气预报信息接口。

（3）医院HIS系统接口。HIS是覆盖医院所有业务和业务全过程的信息管理系统，本书将对接医院的药品管理系统、人力资源管理系统中的信息。

系统功能性需求

系统数据需求

系统设计所需要的数据源包括人员库、物资库与灾害事件信息库。

（1）人员库如表2-1所示。

表2-1 人员信息表

人员信息表条目的内容	字段名	说 明
人员编号	Emp_No	最少支持32个字符
工作人员姓名	Name	最少支持100个字符
姓名输入码	Input_code	最少支持100个字符
用户名	User_name	最少支持160个字符
性别	sex	最少支持16个字符
年龄	age	1-100之间的一个整数
科室代码	Dept_code	最少支持32个字符
工作人员职称	Title	最少支持256个字符
工作类别	Job	最少支持256个字符
所在单位（医院、部队等）	Hospital	最少支持256个字符
专长	Speciality	最少支持256个字符
受训信息	Training	最少支持256个字符

（2）物资库如表2-2所示。

表2-2 物资信息表

物资信息表条目的内容	字段名	说　明
入库号	DOCUS	由日处理流水账表定义的入库号
设备代码	EQUIP_NO	见设备品名编码表
设备品名	EQUIP_NAME	最少支持256个字符
规格	STAND	由日处理流水账表记录的规格
型号	TYPE	由处理流水账表记录的型号
库存数量	EQUIP_NUM	入库时取自初始管理员输入数量；出库时=库存数量-出库数量
已出库数量	OUT_NUM	位数最少支持11位
本次出库数量	THIS_OUT_NUM	位数最少支持11位
日期	HANDLE_DATE	系统应支持ISO 8601定义的基本格式和扩展格式的日期
承办人	UNDERTAKE_PERSON	最少支持256个字符
接收人	ACCEPT_PERSON	最少支持256个字符
备注	Remark	起补充说明作用，最少支持200汉字

（3）各类灾害事件的信息库如表2-3、表2-4和表2-5所示。

表2-3 泥石流灾害事件信息表

泥石流灾害条目的内容	字段名	说　明
名称	name	最少支持160个字符
类型	type	最少支持160个字符
发生时间	date	系统应支持ISO 8601定义的基本格式和扩展格式的日期
发生地点	place	最少支持256个字符
持续时间	time	系统应支持ISO 8601定义的基本格式和扩展格式的日期
人员伤亡数	casualties	位数最少支持11位
诱因	incentive	最少支持256个字符

泥石流灾害条目的内容	字段名	说 明
经纬度	latitude	最少支持256个字符
降雨量	rainfall	位数最少支持11位
人口密度	density	精度最少支持8位
备注	remark	起补充说明作用，最少支持200汉字

表2-4 地震灾害事件信息表

地震灾害条目的内容	字段名	说 明
名称	name	最少支持160个字符
发生时间	date	系统应支持ISO 8601定义的基本格式和扩展格式的日期
震级	magnitude	精度最少支持8位
发生地点	detailplace	最少支持256个字符
持续时间	time	系统应支持ISO 8601定义的基本格式和扩展格式的日期
人员伤亡数	casualties	位数最少支持11位
经纬度	latitude	最少支持256个字符
震深	depth	精度最少支持8位
烈度	intensity	精度最少支持8位
波及范围	scope	最少支持256个字符
人口密度	density	精度最少支持8位
房屋抗震能力	aseismic_ability	最少支持256个字符
余震情况	aftershocks	最少支持256个字符
备注	remark	起补充说明作用，最少支持200汉字

表2-5 洪水灾害事件信息表

洪水灾害条目的内容	字段名	说　明
名称	name	最少支持160个字符
发生时间	date	系统应支持ISO 8601定义的基本格式和扩展格式的日期
持续时间	time	系统应支持ISO 8601定义的基本格式和扩展格式的日期
发生地点	location	最少支持256个字符
类型	type	最少支持160个字符
等级		最少支持160个字符
降雨量	rainfall	位数最少支持11位
水位	water_level	精度最少支持8位
经纬度	latitude	最少支持256个字符
洪涝面积	area	精度最少支持8位
死亡人数	death_number	位数最少支持11位
失踪人数	miss_number	位数最少支持11位
受灾人数	affected_number	位数最少支持11位
人口密度	density	精度最少支持8位
易受损性	damagecondition	最少支持256个字符
死亡原因	deathcause	最少支持256个字符
备注	remark	起补充说明作用，最少支持200汉字

本书的数据源主要来源于以下四方面。

（1）基于爬取技术的互联网开放数据采集。选择部分官方新闻、报刊等媒体的微博进行爬取；对普通的微博用户，系统根据关键字爬取与灾害有关的微博。爬取的微博信息：发布ID、微博内容、发布时间、关键词、关键词出现次数。

（2）基于接口技术的信息系统数据采集，包括以下三方面。

1）基于微博、论坛的数据采集接口，运用爬取技术对互联网开放数据进行采集。

2）国家气象局对外发布的天气预报信息接口。

3）医院HIS系统接口。HIS是覆盖医院所有业务和业务全过程的信息管理系统，本书会用到药品管理系统、医院人力资源管理系统的信息。

（3）面向非结构化数据的数据采集。非结构化数据的获取来源于卫星遥感图片和智能终端等拍摄的图片。

（4）面向人工输入的数据采集。系统生成的预案最终需要专家介入、纠偏、审核，然后再发布给相关工作人员，增强应急预案发布的可信性和可行性。

系统的功能需求包括两方面。

（1）系统应至少具备人工输入灾情信息（灾害类型、发生时间、灾害等级、发生位置）的窗口。

（2）对于静态数据库（包括人员库、各种物资库、灾害事件库、应急预案库等）系统界面应有增删改查的功能。

灾害救援事件管理

1. 灾害事件建立

灾害发生后，通过人工输入灾害事件的相应属性进行灾害事件的建立。灾害事件建立的内容主要是灾害事件的初始化及基本信息的录入。录入的信息包括灾害事件的类型、发生的时间、位置、地形情况等基础信息，从而创建一个灾害事件。

灾害事件建立的功能需求包括：

1）通过数据采集窗口人工输入的灾害信息得到灾害事件数据，将灾害事件数据以表格形式呈现。

2）灾害事件数据的展示窗口应有增删改查的功能以及确定按钮，点击确定按钮后则直接进入灾害事件评估阶段。

2. 灾害事件评估

对至少六种灾害建立灾害评估模型，可以根据灾害事件数据预测灾害相关的死亡人数、受伤人数、受灾范围等数据。

灾害事件评估的功能需求包括：

1）建立灾害评估模型。

2）根据灾害模型和相应的灾害事件数据，得出评估结果。

评估结果可以显示出来，同时作为应急预案生成的参考数据。

3. 灾害救援效果总结

灾害救援效果的总结主要是灾害救援情况与应急预案的比较，分析出现的问题。评价救援效果的总结应该从多方面考虑。与历史的救援情况进行对比，通过一定的算法，判断救援的效果，给出未来灾害救援的建议。

灾害救援效果总结的功能需求包括：

救援效果以柱状图展示，包括救援相应事件、救护人员数、救护人员死亡率、救援物资发放的实效性等方面。

应急预案生成

　　根据灾害评估模型的评估结果初步生成应急预案。生成过程中提供专家人工干预的机制，保证预案内容的合理性和可靠性。初步的应急预案的实时性极强，有助于第一时间指导进行人员物资调度。

　　应急预案生成流程如图2.1所示。

图2.1 预案生成流程

　　其中，输入数据包括：灾害评估结果（灾害范围与强度、受灾人口、伤亡情况等）；输出数据包括详细的应急预案内容。

　　首先，系统根据灾害评估模型对灾害规模和伤亡情况的评估结果初步生成应急预案。其次，专家修正应急预案的初步结果。最后，系统生成待发布的应急预案。

应急预案的内容如下：

> 救灾人员
>
> 指挥组：组长（姓名、联系方式）、副组长（姓名、联系方式）
>
> 协调员：人数、姓名、联系方式
>
> 急救队人员：人数、姓名、部门、科室、联系方式、任务小组划分、具体职责、任务批次
>
> 救灾物资
>
> 装备器材：种类及数量，包括救护车、帐篷、活动板房、对讲机、照明设备等
>
> 医用药品：种类及数量，由医院HIS系统的药品库产生
>
> 医用器材：种类及数量，包括注射器、除颤器、起搏器、呼吸机、血压计、担架、外固定夹板等
>
> 交通状况
>
> 机场航线信息：灾害所在地的机场信息，包括机场的坐标、地势、天气、可用救灾飞行器（运输机、直升机等），机场和当地空管部门的联系方式（协调航线）
>
> 道路交通信息：通往灾害所在地的道路信息，包括可用路线、道路类型（高速路、国道等）、道路周边地势

应急预案的功能需求包括：

1）应急预案导出，支持表格形式的文档。

2）历史应急预案的对比，将应急预案与历史类似灾害的应急预案进行对比，对预案的合理性和可靠性进行横向评估。

3）专家人工修改应急预案窗口。把当地风俗、禁忌情况和当地可用救援力量作为静态参考数据，根据灾害发生地点显示相应的数据，供人工修改应急预案。

救援流程调度功能需求

救援流程调度分为3个模块：人员调度、物资调度、路线规划。

1. 救灾人员调度

根据生成的应急预案，对救灾人员进行合理的分配。根据距离、地形及人员专长等信息对救灾人员合理调度，达到减少响应时间、提高救援效率的目的。救灾人员调度包括救灾人员的基本信息录入、救灾人员的应急预案分配、救灾人员的调度方案及救灾人员的调度执行情况等。救灾人员调度流程如图2.2所示。

输入数据包括伤病类型的人数评估结果和应急预案。输出数据包括救灾人员的具体名单（姓名、性别、年龄、职称、类别、科室、联系方式、任务小组、分工、批次等）。

救灾人员调度功能需求如下：

1）根据应急预案的内容和伤情评估结果生成救灾人员的具体构成（人数、类别、科室、分工和批次等）。

2）确定救援人员能力评价的各项指标，建立科学合理的人员评价体系，各科室根据救灾人员的具体构成和救援人员能力评价的各项指标，进行救灾人员的智能挑选，确定救灾任务。

3）系统生成最终救援名单。

4）救援任务信息通过系统云推送平台发送到救援人员移动终端。

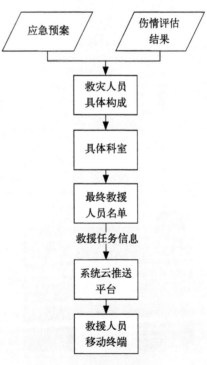

图2.2　救灾人员调度流程

其中，救灾人员的基本信息主要包括救灾人员的姓名、年龄、职称、学历结构、类别（如是医生、护士等）、救灾人员所在单位（如医院、部队等）、所在科室、专长、受训信息等。

2. 救灾物资调度

应急物资的种类很多，不同的应急物资对应急救灾所起的作用不同。当突发公共事件发生后，系统会评估出有效应对这些灾害事件所必需的最小物资需求数量。物资数量的需求大小通常与灾害的范围和强度、受灾人数有关。一般情况下，突发事件严重程度越高，造成的经济社会损失就越大，物资需求数量也就越大。

将救灾物资分为3类：

1 装备器材：如帐篷、活动板房、对讲机、照明设备（应急灯、手电筒）、电池

2 药品：参考医院HIS系统的药品库（名称、剂型、规格、数量、生产批号、有效期、生产单位等）

3 医用器材：如骨折固定托架、注射器、除颤器、起搏器、呼吸机、担架、外固定夹板等

救灾物资调度流程如图2.3所示。

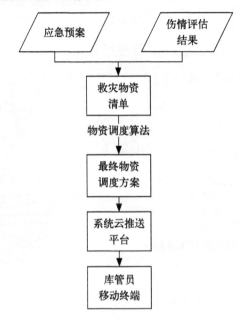

图2.3 救灾物资调度流程

在该流程中，输入数据包括受灾范围和强度、受灾人数、应急预案。输出数据包括救灾物资清单（物资库、物资名称、数量、规格）。该流程功能需求如下：

1）根据应急预案的内容和伤情评估结果生成救灾物资清单（装备器材、医用药品、医用器材）。

2）根据物资调度算法，系统生成最终的物资调度方案。

3）物资调度方案通过系统云推送平台发送到救援人员的移动终端。

3.救援路线规划

救援路线规划主要考虑从救灾指挥部到灾情点之间的路线规划方案。救援人员能否快速到达灾害发生点对救援活动的进行至关重要，灾难发生后的72小时为黄金救援时间，救援人员到达的实效性决定了救灾活动的效率。

由于本系统主要面向各级灾害救援队的决策管理人员，为科学快速高效地

组织救援团队，在本系统的路线规划中，主要考虑以下两点；

1）距救援队最近机场到距灾情点最近机场的路线规划。

2）灾情点机场到具体灾情点的路线规划方案。

救援路线规划流程如图2.4所示。

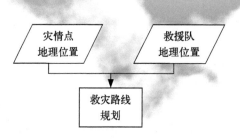

图2.4 救援路线规划流程

输入数据包括灾情点地理位置和救援队地理位置。输出数据包括距离救援队最近的机场信息、距离灾情点最近的机场信息。

救援路线规划的功能需求如下：

1）录入灾情点地理位置、救援队地理位置。

2）调用百度地图API的POI接口获取全国机场地理位置信息。

3）路线规划，调用百度地图的Direction API接口，返回值说明routes：包含一组从起点到目的地的线路数据（包含路段标识、线路距离、线路起终点经纬度等信息）。

救灾人员信息管理

救灾人员信息管理包括系统维护、人员数据录入、人员数据查询和人员报表统计输出等功能模块。各模块详细功能如下。

（1）系统维护：主要包括对数据进行浏览、修改、备份、删除等。

（2）救灾人员数据录入：主要包括救灾人员的年龄、职称、学历结构、类别（如医护人员、官兵或志愿者等）、救灾人员所在单位（如医院、部队等）、所在科室、专长、受训信息等。

（3）救灾人员数据查询：数据查询可生成表格或直方图等形式，完成任何人员信息的查询。或由系统自动生成检索条件，迅速完成查询，以表格形式输出查询结果。

（4）救灾人员报表输出：可以根据救灾人员类型（如医护人员、官兵等）、人员所在单位、所在科室（如救灾医护人员所在科室、总人数、人员名册、学历、年龄等情况）、专长等关键词输出报表。

救灾物资信息管理

救灾物资信息管理主要实现的功能包括救灾物资信息管理、救灾物资查询管理、救灾物资库存管理、救灾物资消耗登记管理及救灾物资数据报表输出组成，分别实现救灾物资的添加、删除、修改及查看等功能。具体包括以下四项。

（1）救灾物资数据录入：主要包括救灾物资的名称、种类（医疗用品、生活必备品及救灾机械等）、型号、来源及数量等。

（2）救灾物资数据查询：完成对救灾物资信息的查询。可在相应位置填写选项，由系统自动生成检索条件，以表格形式输出查询结果。也可以根据模糊查询方式输出相关查询数据。

（3）救灾物资消耗登记：完成记录每一项物资使用情况（如药品、生活用品的领取及大型机械的使用等），其中包括救灾物资使用的详细信息（如物资名称、消耗数量、去向、领取人及日期等信息），并能自动计算短缺物资的种类、名称及数量等情况，从而使救灾物资消耗的去向明确，物资消耗后可进行追踪。

（4）救灾物资数据报表输出：可生成表格、直方图等形式，完成对救援物资的数量、使用情况、短缺物资等信息的查询，并以表格形式输出报表。

信息推送功能需求

系统提供在灾后向相关人员进行消息云推送的功能，用户通过在移动终端的手机软件（App）接收推送获取实时的调配信息，明确各自的救灾职责。同时，移动端App作为现场救灾人员向系统反馈实时现场信息的渠道，可利用百度云推送平台，进行系统的信息推送功能开发。

百度云平台的推送流程如下：

（1）开发者在百度开发者平台注册并登录后，创建一个应用［该应用会被百度分配一个接口访问授权（API Key）和一个密钥］。

（2）基于百度提供的软件开发工具包（Android SDK）编写本系统的客户端程序，将API Key写入客户端程序的配置文件。

（3）客户端程序在安装并运行时，根据设备属性等参数生成一个用户名（user id）和一个频道账号（channel id），并通过网络在百度云推送服务器中注册。

（4）利用百度提供的推送平台向百度的推送服务器（"云端"）发送推送消息的命令（指挥部门的人工操作），百度服务器收到命令后向客户端推送消息。该过程也可以由开发者利用百度提供的代码开发工具包（PHP SDK）编写脚本完成，此时需要显式使用API Key和secret Key，根据推送需求还会需要user id、channel id以及标签（tag）。

信息推送的功能需求如下：

移动应用程序（App）的设计应能推送实时调配信息（包括灾害数据信息、任务小组、任务批次、具体职责等），让各个救灾人员明确各自的救灾职责。

移动App的界面设计应当具有易操作性。

系统非功能性需求

系统性能需求

系统应满足以下性能要求：

（1）系统可在灾后10—15分钟对人员伤亡做出评估，并可在30分钟内自动生成相应的救援预案。

（2）对基本操作的响应时间不应大于5秒。

（3）在标准配置下，对不大于200条记录的查询，查询的响应时间在95％的情况不应超过30秒。

（4）对于超过10000条记录的查询，查询的响应时间在95％的情况下不应超过30分钟。

（5）对常规报表的查询应小于15秒。

（6）对于设备或软件故障的告警时延应小于5秒。

（7）应支持多个终端（用户）共同操作。

系统安全性

为了保证系统安全性应满足以下需求：

（1）在一段时间后（例如15分钟），应注销或者锁定某个用户ID，不允许用户的长时间登录。

（2）用户一定次数（例如3次）密码输入错误，应在一段时间内（10分钟）禁止登录。

（3）应设置用户等级和相应的用户权限。

（4）应防止非法用户使用数据库或合法用户非法使用数据库造成数据泄露、更改或破坏，要有认证和授权机制。

在系统安全日志管理方面，应满足以下要求：

（1）支持查询安全日志，安全日志应包含用户操作和登录信息、管理响应信息、登录失败尝试信息、非法用户的身份认证以及违禁授权试图访问灾害信息的请求等信息。

（2）应防止未经授权的安全日志访问请求或破坏安全日志的操作，不允许用户修改、删除安全日志。

（3）安全日志的每条记录，应记录相关用户ID、用户IP地址、端口号、日期、时间、用户登录是否成功等信息。

系统可扩展性

系统可扩展性要求包括：

（1）应支持动态扩展和功能叠加。

（2）应遵循国际上成熟的、通用的技术标准、规范和协议，还应遵照国家颁布的现有标准及将要推出的伤情评估和救援决策方面的各类规范。

（3）应采用组件化的设计思想，减少模块间的耦合性，提高模块间的复用性。

（4）应支持救援业务处理能力的可扩展性。系统的设计应在满足现有业务量需求的基础上，对今后的业务发展进行有效的评估，使系统能在一定的时间内满足业务增长带来的需要。

系统易操作性

系统的使用对象为各级灾害救援队的决策管理人员，使用环境是在灾害发生后的极短时间内的灾害救援队指挥中心。针对使用系统的使用对象和特定的使用环境，对系统的设计要做到界面布局合理、易于操作，提高系统的可用性和易用性。

第3章

系统的技术方案

系统总体架构设计

　　系统架构具体分为用户层、业务层、数据处理层、数据存储层和数据采集层。用户层提供可视化的操作界面，分为Web页面访问和移动终端App访问两种方式。业务层提供实现系统的具体功能，包括灾害历史信息管理、灾害救援事件管理、应急预案管理、救灾调度管理、救灾人员信息管理和救灾物资信息管理。数据处理层将实时采集灾害信息和从系统内部查询的灾害相关信息进行规范化的组织和封装，为上层业务的实现提供完善精确的数据支持。数据存储层运用分布式文件存储系统和传统数据库的方式对灾害信息进行规范化存储和管理。数据采集层负责从系统外部录入灾害相关信息，包括系统接入、页面爬取等方式获取海量信息，为系统提供来源丰富、可信度高的数据。系统总体架构如图3.1所示。

图3.1　系统总体架构

用户层

相关技术方案

1. Web访问界面

系统基于B/S模式开发，提供主流的Web访问页面，方便用户进行各类操作。

（1）主操作界面提供地图显示，支持缩放、动态刷新、点击查询等功能，实现对灾害所在地的卫星定位和周边地理信息、道路状况的显示。该功能的实现主要基于网络地理信息系统（WebGIS），综合运用Ajax、超文本5.0（HTML5）等前端技术方案。

WebGIS可以简单定义为在Web上的GIS。GIS（地理信息系统）是以采集、存储、管理、分析和描述整个或部分地球表面与空间和地理分布有关数据的计算机空间信息系统。与传统的基于桌面或局域网的GIS相比，WebGIS具有访问范围广泛、平台独立性强、开发成本低等优点。在基于HTML5、Ajax和Web Service的WebGIS模型中，客户端可与任何在线并实现了OGC Web Service服务的GIS服务器进行通信以获取各种服务，而不用考虑这些服务器的存放位置和实现平台，从而保持了客户端代码的轻量级和功能的多样性。

现在主要的WebGIS产品有ESRI公司的ArcIMS、MapInfo公司的最新地图服务平台Map Xtreme、Intergraph公司的GeoMedia Web Map、AutoDesk公司推出的Map Guide、武汉吉奥公司的Geo Surf、北京超图公司新近推出的

SuperMap IS等。虽然这些系统已经应用于地理信息管理等服务中，但是这些平台也存在开发平台购买价格昂贵、需要组织各种复杂的空间数据及地图显示信息与行为地图匮乏。考虑到费用和开发的难度，本系统将采用免费提供API的平台，这样可以减少费用开支和降低程序开发的复杂性。现在，免费提供地图服务接口的有北京盟图科技公司的Map ABC API，百度地图API，Google地图API。这些地图服务的共同特点是它们拥有地图GIS资源，对客户端提供操作地图GIS资源的接口，也给开发人员提供多种接口，功能强大而且操作简单，结果可以直观地显示在地图上。这3种地图服务的比较如表3-1所示。

表3-1 3种流行地图服务的比较

产品名称	使用难易	访问速度	地图资源	更新速度	路线计算
Map ABC地图	较易	一般	矢量图、卫星图及街景图	较快	较精确
Google地图	较易	一般	矢量图、卫星图及地形图	一般	一般
百度地图	较易	较快	矢量图、卫星图及街景图	较快	较精确

从表3-1中可以看出，这3种地图服务使用都较为便捷。在访问速度上，百度地图有一定的优势；在地图资源上，谷歌地图拥有地形图，而百度地图和Map ABC拥有街景图。在国内，百度地图和Map ABC地图由于获得地图数据比较迅速且更全面，使它们在数据更新和路线计算方面有一定的优势。本书综合考虑多个因素（功能、访问速度、地图资源、地图更新速度及信息敏感性等），目前较为合适的是百度地图 API。百度地图在数据更新和路线计算方面有较大的本土优势，也提供高精度的卫星地图服务，还提供检索地名、检索指定地点周边的一些信息（如周边的旅馆，学校等）、查询行车路线、实时路况信息及路线距离计算等一系列服务，有较快的访问速度，可以满足本系统的实际需求。

（2）Web界面提供人机友好的交互界面，方便用户进行信息录入、资料库管理、信息发布，以及调度指令的下达。同时，提供简洁清晰的应急预案对比视图和救灾效果评价视图，以图表等方式呈现，方便用户对救灾情况进行全面的评估。

2. 基于云推送的移动终端App

移动云推送服务是指服务器定向将信息实时送达手机的服务。与常见的轮询方式（伪推送）相比区别主要在于两点，一是长联网，二是到达实时性。云推送服务，可以共享一条长连接来接收消息，而不是各自维持专有的长连接，这样既可以大大节省手机资源，也能够提高用户的满意度。正是由于云推送服务有如此大的优势，苹果iPhone率先推出了自己的云推送服务，获得了开发人员的广泛好评。谷歌Android也在不久前推出自己的云推送服务：C2DM（cloud to Device Message），但是其具有诸多的限制，如只能运行在Android2.2版本以上的系统，而且手机上必须安装有Android Market，用户还必须注册谷歌账户才能使用。我国也有自己的云推送解决方案，如百度云推送（Push）是百度云平台向开发者提供的消息推送服务；通过云端与客户端之间建立稳定、可靠的长连接为开发者提供向用户端实时推送消息的服务。另外，北京巴别塔科技公

司在2011年也宣布推出蝴蝶云推送解决方案，帮助终端厂商、移动应用、互联网服务提供商构建移动终端的连接通道。

移动云推送服务的原理是建立一条手机与服务器的连接链路，当有消息需要发送到手机时，通过此链路发送即可。推送服务的使用流程（图3.2）虽然略有差别但是大致都和iOS的APNs相似：

（1）应用程序注册消息推送。

（2）iOS向APNs Server取得deviceToken。应用程序接受deviceToken。

（3）应用程序将deviceToken发送给PUSH服务端程序。

（4）服务端程序向APNs服务发送消息。

（5）APNs服务将消息发送给iPhone应用程序。

图3.2 移动云推送服务流程

业务逻辑实现

系统提供在灾后向相关人员进行消息云推送的功能，用户通过在移动终端的App接收推送获取实时的调配信息，明确各自的救灾职责。同时，移动端App作为现场救灾人员向系统反馈实时现场信息的渠道。

业务层

相关技术方案

　　系统拟采用主流的JavaEE平台进行系统主体业务层开发。JavaEE是一个开放的、基于标准的平台，用以开发、部署和管理N层结构、面向Web的、以服务器为中心的企业级应用。人们不需要直接接触JavaEE规范底层API，只需要把目光关注于分析和构建业务逻辑的应用上。良好的框架和清晰的结构可以提高程序的内聚性。业务逻辑可以方便地插拔进框架中，方便团队开发，提高了开发的效率。

开源框架在Java EE的企业级开发上扮演着重要的角色，其中主流的框架有：

（1）Struts。基于MVC模式，主要关注Controller流程，由JSP和Struts TagLib实现View层展示。

（2）Spring。服务于所有层面的Application Framework，解决JavaEE问题的一站式框架。它提供了Bean的配置基础，AOP的支持和抽象事务支持等。

（3）Hibernate。实现对象关系映射（Relationship Mapping）功能，它对JDBC进行了轻量级的对象封装，用对象编程思维来操纵数据库。

业务逻辑实现

业务逻辑层通过对灾害历史信息管理、灾害救援信息管理、应急预案管理、救灾调度管理、救灾人员信息管理和救灾物资信息管理等功能模块构建相应服务，利用struts框架中的控制器实现与前端页面的交互以及相应服务的调动，利用Hibernate实现对数据库的高性能访问，利用Spring提供高效的事务管理。

（1）灾害历史信息管理。该功能模块采用人工录入的方式将灾害历史信息录入数据库，并提供对数据库相关表的CRUD操作，实现对灾害历史信息的管理。

（2）灾害救援信息管理。该功能模块实现对灾害事件的构建和对灾害规模的评估。模块收集足够的录入灾害信息构建完整的灾害事件对象，通过Hibernate关系对象映射机制将事件存储于数据库中，实现对灾害事件的高效管理。另外，模块通过构建多个评估模型服务建立适用于不同灾害类型的评估模型，供Struts控制器进行相关服务调用。

（3）应急预案管理。应急预案的生成依赖灾害规模的评估结果，因此，通过建立评估结果与预案内容的映射关系，实现预案的快速生成。同时，通过对最新灾情信息的获取，提供对预案内容的修正，保证预案与实际的灾情状况相符。

（4）救灾调度管理。该模块实现依据应急预案内容对救灾人员信息和救灾物资信息进行查询筛选操作，最终生成救灾人员清单和救灾物资清单，并通过云推送的方式下达给相关人员。

（5）救灾人员信息管理。救灾人员信息通过与现有的医护人员信息资料库对接获取，并提供对人员信息的常规管理操作，为救灾调度管理提供数据支持。

（6）救灾物资管理。救灾人员信息通过与现有的救灾物资信息资料库对接获取，并支持人工录入，提供对物资信息的常规管理操作，为救灾调度管理提供数据支持。

# 数据采集层

关键技术方案

1.网络爬虫

网络爬虫（Web Crawler）又称为网络蜘蛛（Web Spider）或Web信息采集器，是一个自动下载网页的计算机程序或自动化脚本，是搜索引擎的重要组成部分。网络爬虫通常从一个称为种子集的URL集合开始运行，首先将这些URL全部放入一个有序的待爬行队列里，按照一定的顺序从中取出URL并下载所指向的页面，分析页面内容，提取新的URL并存入待爬行URL队列中。如此重复上面的过程，直到URL队列为空或满足某个爬行终止条件，从而遍历Web。该过程称为网络爬行（Web Crawling）。网络爬虫按照系统结构和实现技术，大致可以分为以下4种类型：通用网络爬虫（General Purpose Web Crawler）、聚焦网络爬虫（Focused Web Crawler）、增量式网络爬虫（Incremental Web Crawler）、深层网络爬虫（Deep Web Crawler）。实际的网络爬虫系统通常是几种爬虫技术相结合实现的。网络爬虫技术示意图如图3.3所示。

2.通用网络爬虫

通用网络爬虫又称全网爬虫（Scalable Web Crawler），爬行对象从一些种子URL扩充到整个Web，主要为门户站点搜索引擎和大型Web服务提供商采集数据。这类网络爬虫的爬行范围和数量巨大，对爬行速度和存储空间要求较高，对

爬行页面的顺序要求相对较低，同时由于待刷新的页面太多，通常采用并行工作方式，但需要较长时间才能刷新一次页面。虽然存在一定缺陷，但是通用网络爬虫适用于搜索引擎搜索广泛的主题，有较强的应用价值。

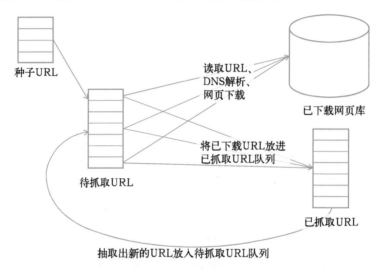

图3.3 网络爬虫示意

通用网络爬虫的结构大致可以分为页面爬行模块、页面分析模块、链接过滤模块、页面数据库、URL队列、初始URL集合几个部分。为提高工作效率，通用网络爬虫会采取一定的爬行策略。常用的爬行策略有深度优先策略与广度优先策略。

（1）深度优先策略：按照深度由低到高的顺序，依次访问下一级网页链，直到不能再深入为止。爬虫在完成一个爬行分支后返回到上一链接节点进一步搜索其他链接。当所有链接遍历完后，爬行任务结束。这种策略比较适合垂直搜索或站内搜索，但爬行页面内容层次较深的站点时会造成资源的巨大浪费。

（2）广度优先策略：按照网页内容目录层次深浅来爬行页面，处于较浅目录层次的页面首先被爬行。当同一层次中的页面爬行完毕后，爬虫再深入下一层继续爬行。这种策略能够有效控制页面的爬行深度，避免遇到一个无穷深层分支时无法结束爬行的问题，实现方便，无须存储大量中间节点；不足之处在于需较长时间才能爬行到目录层次较深的页面。

典型的通用爬虫有谷歌爬虫（Google Crawler）、墨卡托（Mercator）。Google Crawler是一个分布式的基于整个Web的爬虫，采用异步I/O而不是多线程来实现并行化。它有一个专门的URL Server进程负责为多个爬虫节点维护URL队列。Google Crawler还使用了许多算法优化系统性能，最著名的就是网页排名（PageRank）算法。

3.聚焦网络爬虫

聚焦网络爬虫（Focused Crawler），又称主题网络爬虫（Topical Crawler），是指选择性地爬行那些与预先定义好的主题相关页面的网络爬虫。和通用网络爬虫相比，聚焦爬虫只需要爬行与主题相关的页面，极大地节省了硬件和网络资源，保存的页面也由于数量少而更新快，还可以很好地满足一些特定人群对特定领域信息的需求。

聚焦网络爬虫和通用网络爬虫相比，增加了链接评价模块以及内容评价模块。

聚焦爬虫爬行策略实现的关键是评价页面内容和链接的重要性，不同的方法计算出的重要性不同，由此导致链接的访问顺序也不同。

（1）基于内容评价的爬行策略：将文本相似度的计算方法引入网络爬虫，提出了搜鱼（Fish Search）算法。该算法将用户输入的查询词作为主题，包含查询词的页面被视为与主题相关，其局限性在于无法评价页面与主题相关度的高低。赫斯欧维克（Herseovic）对Fish Search算法进行了改进，提出了鲨搜索（Shark-search）算法，能利用空间向量模型计算页面与主题的相关度大小。

（2）基于链接结构评价的爬行策略：Web页面作为一种半结构化文档，包含很多结构信息，可用来评价链接的重要性。PageRank算法最初用于搜索引擎信息检索中对查询结果进行排序，也可用于评价链接重要性，具体做法就是每次选择PageRank值较大页面中的链接来访问。另一个利用Web结构评价链接价值的方法是超文本敏感标题搜索（HITS）方法，它通过计算每个已访问页面的授权（Authority）权重和中心（Hub）权重，并以此决定链接的访问顺序。

（3）基于增强学习的爬行策略：Rennie和McCallum将增强学习引入聚焦爬虫，利用贝叶斯分类器，根据整个网页文本和链接文本对超链接进行分类，为每个链接计算出重要性，从而决定链接的访问顺序。

（4）基于语境图的爬行策略：Diligenti等人提出了一种通过建立语境图（Context Graphs）学习网页之间的相关度，训练一个机器学习系统，通过该系统可计算当前页面到相关Web页面的距离，距离越近的页面中的链接优先访问。

印度理工大学（IIT）和IBM研究中心的研究人员开发了一个典型的聚焦网络爬虫。该爬虫对主题的定义既不是采用关键词也不是加权矢量，而是一组具有相同主题的网页。它包含两个重要模块：一个是分类器，用来计算所爬行的页面与主题的相关度，确定是否与主题相关；另一个是净化器，用来识别通过较少链接连接到大量相关页面的中心页面。

4.增量式网络爬虫

增量式网络爬虫（Incremental Web Crawler）是指对已下载网页采取增量式更新和只爬行新产生的或者已经发生变化网页的爬虫，它能在一定程度上保证所爬行的页面是尽可能新的页面。与周期性爬行和刷新页面的网络爬虫相比，增量式爬虫只会在需要的时候爬行新产生或发生更新的页面，并不重新下载没有发生变化的页面，可有效减少数据下载量，及时更新已爬行的网页，减小时间和空间上的耗费，但是增加了爬行算法的复杂度和实现难度。

增量式网络爬虫的体系结构包含爬行模块、排序模块、更新模块、本地页面集、待爬行URL集以及本地页面URL集。增量式爬虫有两个目标：保持本地页面集中存储的页面为最新页面和提高本地页面集中页面的质量。为实现第一个目标，增量式爬虫需要通过重新访问网页来更新本地页面集中页面内容，常用的方法有：

（1）统一更新法：爬虫以相同的频率访问所有网页而不考虑网页的改变频率；

（2）个体更新法：爬虫根据个体网页的改变频率来重新访问各页面；

（3）基于分类的更新法：爬虫根据网页改变频率将其分为更新较快网页子集和更新较慢网页子集两类，然后以不同的频率访问这两类网页。

为实现第二个目标，增量式爬虫需要对网页的重要性排序，常用的策略有：广度优先策略、PageRank优先策略等。

IBM开发的WebFountain是一个功能强大的增量式网络爬虫，它采用一个优化模型控制爬行过程，并没有对页面变化过程做任何统计假设，而是采用一种自适应的方法根据先前爬行周期里爬行结果和网页实际变化速度对页面更新频率进行调整。

北京大学的天网增量爬行系统旨在爬行国内Web，将网页分为变化网页和新网页两类，分别采用不同爬行策略。为缓解对大量网页变化历史维护导致的性能瓶颈，它根据网页变化时间局部性规律，在短时期内直接爬行多次变化的网页。为尽快获取新网页，它利用索引型网页跟踪新出现网页。

5.Deep Web爬虫

Web页面按存在方式可以分为表层网页（Surface Web）和深层网页（Deep Web，也称Invisible Web Pages或Hidden Web）。表层网页是指传统搜索引擎可以索引的页面，以超链接可以到达的静态网页为主构成的Web页面。Deep Web是那些大部分内容不能通过静态链接获取的、隐藏在搜索表单后的、只有用户提交一些关键词才能获得的Web页面。例如那些用户注册后内容才可见的网页就属于Deep Web。2000年Bright Planet指出：Deep Web中可访问信息容量是Surface Web的几百倍，是互联网上最大、发展最快的新型信息资源。

Deep Web爬虫体系结构包含六个基本功能模块（爬行控制器、解析器、表单分析器、表单处理器、响应分析器、LVS控制器）和两个爬虫内部数据结构（URL列表、LVS表）。其中，LVS（Label Value Set）表示标签/数值集合，用来表示填充表单的数据源。

Deep Web爬虫爬行过程中最重要部分就是表单填写，表单填写包含两种。

（1）基于领域知识的表单填写：此方法一般会维持一个本体库，通过语义分析来选取合适的关键词填写表单。Yiyao Lu等人提出一种获取Form表单信息的多注解方法，将数据表单按语义分配到各组，对每组从多方面注解，结合各种注解结果来预测一个最终的注解标签；郑冬冬等人利用一个预定义的领域本体知识库来识别Deep Web页面内容，同时利用一些来自Web站点导航模式来识别自动填写表单时所需进行的路径导航。

（2）基于网页结构分析的表单填写：此方法一般无领域知识或仅有有限的领域知识，将网页表单表示成DOM树，从中提取表单各字段值。Desouky等人提出一种LEHW方法，该方法将HTML网页表示为DOM树形式，将表单区分为单属性表单和多属性表单，分别进行处理。孙彬等人提出一种基于XQuery的搜索系统，它能够模拟表单和特殊页面标记切换，把网页关键字切换信息描述为三元组单元，按照一定规则排除无效表单，将Web文档构造成 DOM树，利用XQuery将文字属性映射到表单字段。

Ranhavan等人提出的HIVE系统中，爬行管理器负责管理整个爬行过程，分析下载的页面，将包含表单的页面提交表单处理器处理；表单处理器先从页面中提取表单，从预先准备好的数据集中选择数据自动填充并提交表单，由爬行控制器下载相应的结果页面。

数据采集过程

（1）基于爬取技术的互联网开放数据采集

随着互联网的发展和用户的增多，信息产生的数据也在飞速增长，微博、社区等有代表性的网络形式逐渐深入到人民群众当中。它包含了广大网民对国家大事的看法、对环境和人的观点以及人际间关系，是了解和分析复杂网络和社会行为的无比重要的资源，也是信息的有效来源。

（2）基于接口技术的信息系统数据采集

接口技术提供接口访问的形式允许外部系统来获取本身的数据。通过接口技术，系统可以在不需要知道原系统的实现细节基础上，得到系统需要用的数据。

（3）面向非结构化数据的数据采集

在数据的采集过程中，系统不仅要采集结构化的微博、接口数据等，还可以通过一些现代的技术手段来获取一些诸如图片、视频、语音等非结构化数据。通过这些数据能够有效地辅助生成最后救援系统的预案。

（4）面向人工录入的数据采集

人工录入的数据也至关重要，包含了系统运行的一些必要数据。

数据存储层

相关技术方案

1.分布式文件存储机制

在数据采集层，经过采集及预处理后得到的数据，包含了各类结构化、非结构化数据，诸如各类互联网信息数据、医学图片、远程会诊视频及卫星数据。对这些海量的数据，在保证容量、存取速度、处理速度及容错的存储机制上，都要对其进行相应的存储。Hadoop技术是由Apache基金会所开发的一个分布式系统基础架构。用户可以在不了解分布式底层细节的情况下，开发分布式程序。充分利用集群的威力高速运算和存储。在大数据处理框架下采用HDFS（Hadoop Distributed File System）文件存储系统。HDFS是一个高度容错性的系统，HDFS能提供高吞吐量的数据访问，非常适合大规模数据集上的应用。

它主要有以下5个优点。

（1）高可靠性。Hadoop按位存储和处理数据的能力值得信赖。

（2）高扩展性。Hadoop是在可用的计算机集簇间分配数据并完成计算任务的，这些集簇可以方便地扩展到数以千计的节点中。

（3）高效性。Hadoop能够在节点之间动态地移动数据，并保证各节点的动态平衡，因此处理速度非常快。

（4）高容错性。Hadoop能够自动保存数据的多个副本，并且能够自动将失败的任务重新分配。

（5）低成本。与一体机、商用数据仓库以及QlikView、Yonghong Z-Suite等数据集市相比，Hadoop是开源的，软件成本因此会大大降低。

对外部客户机而言，HDFS就像一个传统的分级文件系统，可以创建、删除、移动或重命名文件等。但是，HDFS的架构是基于一组特定的节点构建的，如图3.4所示。存储在HDFS中的文件被分成块，然后将这些块复制到多个计算机中（DataNode）。这与传统的RAID架构大不相同。块的大小（通常为64MB）和复制的块数量在创建文件时由客户机决定。NameNode可以控制所有文件操作。HDFS内部的所有通信都基于标准的TCP/IP协议。

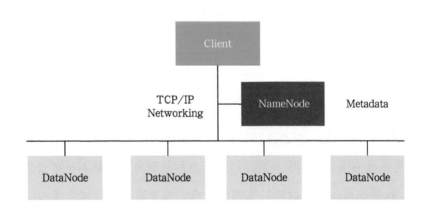

图3.4 HDFS架构

HDFS的一个重要特性是高容错性。在存储这些采集上来的海量数据过程中，数据的遗失、服务器的故障等问题都会引起原始数据的丢失或错误，这对灾害预案的生成会造成严重影响。HDFS设计模式能可靠地在集群中大量机器之间存储大量文件，是以块序列的形式存储文件。属于同一文件的块为了故障容错而被复制。块的大小和复制数是以文件为单位进行配置的。每块的复制都被分配到

不同的机架上，这就避免了同一机架上的服务器同时瘫痪的可能性。

HDFS的另一个重要特性就是能提供高吞吐量的数据访问。同样依赖于复制块带来的优势，在读数据的时候可以充分利用不同机架的带宽。这个方式均匀地将复制分散在集群中，简单地实现了负载均衡。利用这个特性，在一个角度上减少了预案生成的冗余时间，方便及时准确生成预案调配，有利于灾害救援。

2.数据库存储系统

在数据存储层次，还有一种对应手工录入信息的数据库存储系统。数据库中采用具有高可扩展性和可伸缩性的系统，可内嵌多种类型数据源，包括：传统关系型数据库（如：Orcale、Mysql等）、Nosql数据库（如：MongoDB、HBase等）、内存数据库（如：H2、Derby）等。通过筛选上述存储技术，从而实现本系统中对事件信息、预案信息、医护人员信息、药品信息、救援设备信息和历史数据等数据的存储。

数据存储过程

在数据的存储层面，将通过页面爬取的信息，以及现场终端传回来的图片和通过卫星遥感拍摄获取的图片等经过分析之后的信息，存储到分布式文件系统HDFS中。这样既可以保证数据的完整性，也能够提高系统数据处理层面对底层数据的调用访问效率。

通过手工录入的信息，包含了支撑系统运行的一些事件、预案、人员信息等，系统将这些重要的信息进行统一建模之后，存写入相应的数据库中。同时，数据库中也保存系统运行所需要的管理信息。数据存储主要的信息库有灾害事故信息库、救援人员信息库、救灾物资信息库、应急预案信息库、交通信息库等。

（1）灾害事故信息库：主要用于存储历史灾害事件、灾害事件名称、发生时间、发生的位置、登记、伤亡及财产损失、医疗卫生事故调查报告及其他非结构化数据（如灾害救援现场信息、卫星遥感图片、医学图片、远程会诊视频及语音指令）等。

（2）救灾人员信息库：救灾人员信息库中包括所有参与救灾人员的信息，如救灾人员的类别（如司机、医生、官兵、护士及志愿者等）、年龄、职称、学历结构、救灾人员所在单位（如医院、部队等）、所在科室、专长、受训信息、联系方式等。

（3）救灾物资信息库：救灾物信息库包括所有救灾的物资信息，如物资名称、种类（医疗用品、生活必备品及救灾机械等）、型号、来源及数量等。

（4）应急预案信息库：记录预案信息的产生、修改及执行情况。这里的预案信息库中主要包括救灾人员分配信息（包括组长及其职责、协调员信息、急救队信息），救灾物资分配信息（装备器材分配信息、生活用品发放信息、医用药品及器材消耗信息）等。

（5）交通信息库：用于存放路况交通信息和交通工具情况，主要包括机场航线信息、可用路线、道路类型（高速、国道等）、道路周边地势等信息，以及可调度的交通工具类别、数量、停放位置等，还可包括交通路线及灾害发生地实时及未来的天文、气象等信息。

数据处理层

相关技术方案

在大数据分布式计算框架下，由谷歌公司提出的MapReduce并行编程模型，是最具代表性的方案。Hadoop平台在数据处理层面，同样采取了MapReduce的编程模型处理。一个完整的MapReduce过程如图3.5所示。

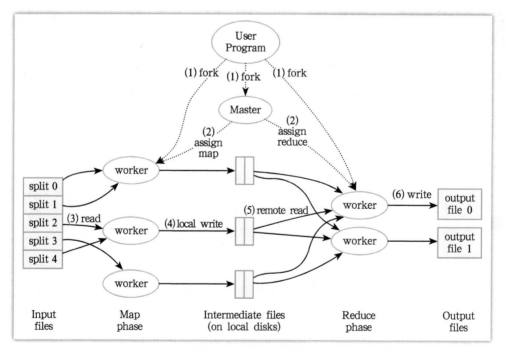

图3.5 MapReduce流程

MapReduce模型首先将用户的原始数据源进行分块，然后分别交给不同的Map任务区处理。Map任务从输入中解析出键/值（Key/Value）对集合，然后对这些集合执行用户自行定义的 Map函数得到中间结果，并将该结果写入本地磁盘。Reduce任务从磁盘上读取数据之后会根据Key值进行排序，将具有相同Key值的数据组织在一起。最后，用户自定义的Reduce函数会作用于这些排好序的结果并输出最终结果。

数据处理过程

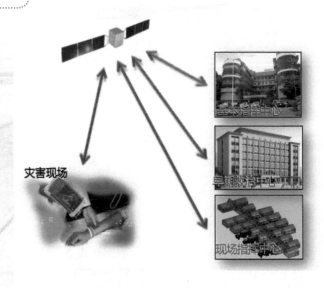

在本书中，系统结合从各个接口采集的数据，包括通过爬取互联网获得的信息，以及通过现场终端、卫星遥感等获取的图片信息，进行汇总分析，为系统进行的伤情灾害的评估和后续的救援预案的生成提供有力的数据支撑，为决策者提供必要的现实辅助依据。

同时，对从微博数据爬取的信息，尤其是官方的灾害相关微博信息进行汇总。对普通微博用户的微博信息则须经过MapReduce框架的处理，基于一定的筛选和分类机制，将微博中，尤其是关于灾害的热点话题以及评论转发数量多的微博信息、图片信息，筛选出来，作为系统展示的一部分数据。

第4章

系统工作流程

主工作流程

用户登录本系统后，通过Web界面进行相关操作，完成工作流程。信息的录入包括灾害实时信息手工录入和外部关联信息（从外部系统接口获取数据和从微博社区爬取数据）的采集，并据此进行信息的清洗转换、存储和分析处理。以处理后的信息为依据构建完整的事件对象，通过灾害评估模型对灾害规模进行评估，并基于评估结果生成灾害应急预案。系统依据预案内容进行相关的人员和物资调度，在灾后第一时间形成救援力量，快速投入救灾工作。

本系统的主体工作流程如图4.1所示。

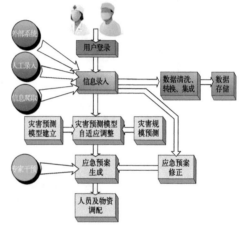

图4.1 系统工作流程

灾害信息录入流程

灾害信息录入流程是系统工作的第一步，完成灾害信息的录入和存储。具体流程细节如下。

1. 外部系统接入

接入的外部系统分为两种，一是医院的相关系统资料库，获取人员信息、物资信息、灾害历史信息等；二是气象局、地震局等相关单位的资料信息，包括灾害所在地的天气、地理状况。具体实现方式为获取相关系统数据库的访问权限进行查询或者通过接口获取。

2. 信息爬取

在灾害发生后，微博、社区、论坛等的信息具有更加实时、详细、全面的特性，将其引入系统进行灾害评估具有很高的实用价值。系统利用网络爬虫技术对灾害的相关信息进行大量爬取。

3. 人工信息录入

系统操作人员将实时的灾害现场信息以手工方式录入系统，同时支持现场救援人员以移动终端App为渠道向系统反馈现场实时信息。

4. 数据的清洗、转换和集成

该步骤完成对录入灾害信息的预处理工作，降低海量杂乱的数据的冗余度，进行数据统一化、规范化转换，保持数据的完整性和一致性。

5. 数据的存储

对灾害信息科学合理地入库存储有助于系统高效准确地调用所需信息进行相关业务操作。系统拟采用分布式文件存储系统和传统的数据库两种技术方案进行数据的存储，以实现在大数据应用背景下对海量信息的科学存储和管理。

 # 灾害评估流程

在灾后第一时间利用有限信息对灾害的规模进行评估有助于快速制订合理的应急预案并对相关的人员、物资进行快速准确的调度。灾害的评估流程如下。

1. 灾害评估模型的建立

系统对各种灾害建立评估模型的模板。因此，在灾后第一时间，系统通过识别灾害类别选取目标模型模板，并结合不断获取的灾害实时信息建立科学化的灾害评估模型。

2. 灾害评估模型自适应调整

灾害模型进行预测评估除借助实时的灾害信息（如地震震级、灾害所在地人口规模、地理特征等），还须参考历史同类灾害的相关信息，对相关参数影响因子进行修订，从而对评估结果产生直接作用。历史相关信息的录入对模型评估的全面性和可靠性具有重要影响。

3. 灾害规模评估

不同的灾害类型具有不同的评估模型，通过不同的评估算法对诸如本次灾害的伤残率、死亡率、建筑物损毁状况、道路交通状况等进行评估。全面可靠的评估结果对确保应急预案的合理性具有决定性的作用。

4. 伤情评估

通过对灾害规模评估得到的本次灾害的伤残率，结合采集到的灾害基础数据以及历史灾害数据信息，对伤残人数、伤病种类、伤残程度等伤病员具体信息进行评估，提高应急预案的可靠性，提高应急救援的救治质量。

 应急预案生成流程

生成灾害应急预案是本系统的核心功能。灾后第一时间的应急预案是指导救灾工作快速顺利开展、争取72小时黄金时间的重要措施。

1. 应急预案初步生成

系统首先根据灾害评估模型对灾害规模和伤亡情况的评估结果初步生成应急预案。由于灾后第一时间灾害现场的可用信息较少，因此初步的应急预案的合理性略有不足，但实时性极强，有助于第一时间指导人员物资调度。

2. 专家人工干预

系统对预案的生成提供人工干预的机制，即专家通过登录系统对初步预案的内容进行人工的调整，使预案内容更符合专家的历史经验，有助于提高预案的合理性和可靠性。

3. 应急预案修正

随着灾后现场信息不断录入系统，有关灾害实际情况的数据更加丰富和全面，因此有必要对应急预案的内容进行不断修正。系统提供直接获取最新的灾害信息对应急预案内容进行修正的（同步修改已建立的事件对象）流程，使应急预案更加符合现场灾害的实际状况和需求。

人员及物资调配流程

在应急预案生成后，系统将据此进行人员物资的调配，通过科学地组织人力物力而快速建立救灾队伍。

1. 救援人员名单确立

系统依据应急预案中关于救援人员的人数、类别、分工和批次等信息进行救援人员的挑选。挑选的过程中对所有相关人员的信息进行比对评估，选取符合应急预案要求的人员，确立最终的人员名单。

2. 救援物资清单确立

系统依据应急预案关于装备、药品、器材及生活物资的数量与种类要求，挑选符合要求的物资，最终确立救援物资清单。

3. 相关人员任务分配

系统依据人员清单将救援任务信息推送至相关人员进行任务部署。同时，依据物资管理状况将物资调配信息推送至物资管理人员进行物资的准备工作。通过任务的实时分配明确所有人员的职责，有助于科学快速地组织救援力量。

第5章

系统功能

 灾害历史信息管理

灾害基本信息录入

灾害基本信息录入是对该灾害的历史信息的梳理。信息的获取方式有两种：一种是接入外部系统，通过医院的相关的系统资料库获取人员、物资信息、灾害历史信息等，也可以通过卫星、气象局、地震局等相关单位的资料获取信息；另一种是通过微博社区等渠道收集产生的信息。系统利用网络爬虫技术对灾害的相关信息进行大量的爬取。

具体调用的外部接口有：国家气象局提供的天气预报接口；微博社区平台的

微博数据接口；医院医护人员信息的数据接口。

信息的录入可以由系统操作人员将实时的灾害现场信息以手工方式录入系统，也可以由现场救援人员以移动终端App为渠道向系统反馈现场实时信息，这些信息在以后都将作为历史信息存档。

灾害救援信息录入

1.救援人员信息的录入

这不仅包括救灾人员的基本信息录入，还包括救灾人员的应急预案分配、救灾人员的调度方案及救灾人员的调度执行情况等。

（1）救灾人员基本信息录入：主要包括救灾人员的年龄、职称、学历结构、类别（如医生、护士等）、救灾人员所在单位（如医院、部队等）、所在科室、专长、受训信息等。

（2）救灾人员的应急预案信息录入：灾害发生后系统根据相关信息产生的应急预案，预案中包括救灾人员的分配情况及随着预案的变化人员的分配信息。

（3）救灾人员的调度方案信息录入：救灾人员根据预案采用的人员调度方案，这里包括调度的人数、人员搭配、目的地、预计到达时间等。

（4）救灾人员的调度方案执行信息录入：救灾人员根据人员的调度方案，调度前往灾害发生地，包括调度的实际人数、实际人员搭配、实际前往目的地，实际到达时间等。

2.救灾物资信息的录入

这包括救灾物资数据的基本信息、救灾物资的调度方案、救灾物资的调度方案的执行情况及救灾物资的消耗登记等信息。

（1）救灾物资基本信息录入：主要包括救灾物资的名称、种类（医疗用品、生活必备品及救灾器械等）、型号、来源及数量等。

（2）救灾物资的调度方案信息录入：主要包括救灾物资的调度方案，如医疗用品调度的名称、数量及种类，调度车辆的名称、种类及数量，调度的目的地及调度预计到达时间等信息。

（3）救灾物资的调度执行信息录入：主要包括救灾物资调度方案的执行情况，如调度物资实际的名称、数量及种类，调度实际用到的车辆的名称、种类、数量及司机，调度实际前往的目的地及调度实际到达时间等信息。

3.救援路线信息的录入

救援路线信息录入主要包括救援路线规划、实际的救援路线信息。

（1）救援路线规划信息录入：主要包括系统给出的最优路线、经过的地点信息、路线中的路况信息等。

（2）救援实际的路线信息录入：主要包括救援实际的路线、改变路线的原因、实际经过的地点、实际路线中的路况信息。

4.救援方案信息录入

救援方案信息录入主要包括救援的应急预案及应急预案随着灾害信息的更新的修改情况，还包括应急预案的执行情况。

（1）应急预案的信息录入：由系统根据收集到的信息经过分析得出的应急救援方案，包括救援人员如何分配、救援物资的发放等，是对整个灾害的救援的整体的方案。

（2）救援方案的更新修改信息录入：随着时间的推移，得到的各种关于灾害的信息更加系统和全面，会对原有的应急方案进行修改，使救援更加有效。这部分信息的录入包括救援方案的修改操作及救援方案的修改原因等。

（3）救援方案的执行情况录入：包括对应急预案的执行情况、修改后的救援方案的执行情况，如人员预期到达灾害地点时间、实际到达时间、物资预期到达时间、物资实际到达时间等。

5.灾害救援的效果信息录入

救援效果的录入主要是灾害救援情况与应急预案及其他历史救援信息的对比，分析出现的问题。具体的录入项主要包括灾害事件发现时间、救援响应时间、救护的人员数、救护的平均人员数、救护的人员死亡率、救援物资发放的时效性及财产损失的情况等指标信息，用于评价救援效果。通过与应急预案及历史救援信息对比指标统计，通过决策判断救援的效果，给出未来灾害救援的建议。

灾害信息查询

灾害信息的查询项较多，主要包括灾害事件的名称、类型、发生时间及伤亡情况等，当然也包括相关的救灾的人员查询及救灾物资的查询等。对于比较明确的信息如灾害事件的名称、类型、发生时间及伤亡情况等的查询可以采用模糊的方法，这样可以直观地得到想要的信息。

（1）救灾人员数据查询：数据查询可以完成任何人员信息的查询。可以根据救灾人员类型（如医护人员、官兵等）、人员所在单位、所在科室（如救灾医护人员所在科室、人数、学历、年龄等情况）、专长等关键词输出报表。

（2）救灾物资数据查询：救灾物资数据查询完成任何救灾物资信息的查询。可在相应位置填写选项，由系统自动生成检索条件，迅速完成查询，以表格形式输出查询结果。也可以根据模糊查询方式输出相关查询数据，如查询某一项物资的使用情况，可以生成这项物资的各项详细信息（如物资名称、消耗数量、去向、领取人及日期等信息），查询的数据可以以表格、柱状图等形式表示。

 # 灾害救援事件管理

灾害事件建立

灾害发生后，系统根据收到的信息建立灾害事件。灾害事件建立的内容主要是灾害事件的初始化及基本信息的录入。录入的信息包括灾害事件的类型、发生的时间、位置、地形情况等。

灾害事件的初始化创建的项包括灾害的等级、灾害的应急预案、灾害救援人员信息、救灾物资信息、人员伤亡情况、财产损失情况等信息。这些初始化的信息会根据后续采集的信息（如地方政府的上报，实地勘测、历史信息查阅等方式获得）或系统中库存救援物资情况、可用救援人员情况进行更新。

灾害事件评估

灾害事件评估是为灾害管理决策提供依据，因此在突发性灾害应急和恢复阶段对灾害事件的评估工作至关重要，它的时效和质量直接影响应急响应和恢复工作的水平。灾害事件评估的基本步骤如下。

1.确定评估的目标和任务

受灾指标主要分为人口受灾和财物损失。其中，把人口受灾放在首位，以最快的速度对人口受灾情况进行分析是预测的目的和任务。在突发状况下对灾害事件预测的内容主要包括被困人口、紧急转移人口、因灾死亡人口及因灾伤病人口等信息。

2.寻找信源、采集信息

根据确定的评估目的和任务选择、寻找获取相关信息的来源和渠道。获取信息的渠道主要是地方政府自下而上的上报、相关部门提供、现场勘查、历史灾情查阅、互联网等。

3.对信息的准确性和可用性进行分析和加工

对采集的信息进行准确性和可用性分析，也就是根据评估的目的和任务进行筛选和加工处理。

4.选用合适的评估模型

不同的突发性灾害发生、发展、结束和应急、救援、恢复重建等过程及阶段不同，因此不同的灾害类型具有不同的预测评估模型，通过不同的评估算法对诸如人员伤亡总数、伤病种类、伤残程度、建筑物损毁状况、道路交通状况等进行评估。

5.修正推断结果、得出灾情事件评估结论

按照评估目的采用合适的分析方法得出的结果毕竟是推断性结果，需要根据相关信息修正或进行的必要的验证方能作为灾情评估结论。下面以地震为例给出了计算人员伤亡的统计评估模型，人员伤亡计算是以一定区域为单位进行统计的。

第一步，采集相关信息：采集到的信息包括 N_p（区域内的总人口）、S_j（每栋建筑的面积）、S（区域内建筑物的总面积）。

第二步，计算建筑破坏程度。P_{j3}、P_{j4}、P_{j5} 定义为建筑中等破坏、严重破坏和毁坏的比率。

第三步，根据建筑物破坏程度，计算人员死亡率 D_3、D_4、D_5。人员死亡数量与灾害的破坏程度是密切关联的。为便于估测，依据震灾的破坏程度，将死亡率定义为1/100000（D_3）、1/1000（D_4）、1/60（D_5），夜间加倍。

第四步，利用如下公式计算计算人员死亡数。

$$N_{\text{dead}} = N_p \left\{ D_3 \cdot \frac{\sum\limits_j P_{j3} \cdot S_j}{S} + D_4 \frac{\sum\limits_j P_{j4} \cdot S_j}{S} + D_5 \frac{\sum\limits_j P_{j5} \cdot S_j}{S} \right\} \quad (5\text{-}1)$$

第五步，利用实测信息和历史信息对计算结果进行修正。如根据经验，确定重伤人数是死亡人数的4倍，轻伤人数是死亡人数的60倍。

灾害救援效果总结

救援效果的总结主要是灾害救援情况与应急预案的比较，分析出现的问题。救援效果的评价应该从多个方面进行，如救援响应时间、救护的人员数、救护的人员死亡率及救援物资发放的时效性等。

（1）救援响应时间，指从接到灾害事件发生时，到救援人员或救援资源到达现场为止所需的时间。救援响应时间的计算公式为：

$$T_r = T_a - T' \quad\quad (5\text{-}2)$$

其中，T_a 表示救援人员到达灾害现场的时刻，T' 指灾害发生时刻。

（2）救护的人员数。在灾害发生后，根据应急预案进行救援，在救援结束后会统计救护的人员总数目 n。

救护的人员死亡率 d 指救援后的人员因伤病治疗、食物及环境等原因的死亡率。救护的人员死亡率计算公式为：

$$d = d' / n \quad\quad (5\text{-}3)$$

其中，d' 表示救援后人员的死亡数。

（3）救援物资发放的时效性 f。救援物资的发放会根据领取时间及去向进行统计，根据这些信息可以统计物资的发放是否及时到位。救援物资发放的时

效性 f 的计算公式为：

$$f = l / (t_f - t_a) \qquad （5-4）$$

其中，t_f 表示物资发放的时间，t_a 表示物资到达救援地点的时间，l 表示物资领取地离救援地点的距离。

根据多方面的信息统计，与历史的救援情况进行对比，通过一定的算法，判断救援的效果，给出未来灾害救援的建议。

 # 应急预案管理

应急预案管理模块负责生成应急预案，并在后续过程中不断获取最新的灾害信息来修正预案。

 ## 应急预案生成

根据灾害评估模型的评估结果初步生成应急预案。生成过程中提供专家人工干预的机制，保证预案内容的合理性和可靠性。初步应急预案的实时性极强，有助于第一时间指导人员进行物资调度。应急预案的内容如下。

1.救灾人员

（1）指挥组：组长（姓名、联系方式）、副组长（姓名、联系方式）。

职责内容：现场抢救的组织指挥；

现场秩序及安全保卫工作；

与院首长、机关及各科室联系协调。

（2）协调员：人数、姓名、联系方式。

职责内容：通知值班人员赶到集合地点；

抢救现场的联络；

组织运输力量，迅速接回伤病员；

给到达的伤员进行收容、分类和救治；

按救治范围完成伤员的紧急救治；

做好伤病员的组织转送工作；

组织实施卫生防疫和药材保障。

（3）急救队人员：人数、姓名、来源（具体的部门、科室）、联系方式、任务小组划分（如抢救分类组、抗休克组、手术组、医技组、留观后送组、卫生防疫组）、各小组具体职责、任务批次。

注：将人员调动信息分别推送至相关人员。

2.救灾物资

（1）装备器材：种类及数量，如救护车、帐篷、活动板房、对讲机、照明设备（应急灯、手电筒）、电池等。

（2）生活物资：种类及数量，如食品、饮用水、棉衣、棉被等。

（3）医用药品和器材：种类及数量，战救药材、注射器、除颤器、起搏器、呼吸机、担架、外固定夹板、血浆、病案等。

注：将物资调动信息推送至物资管理人员。

3.交通状况

（1）机场航线信息：灾害所在地的机场信息，包括机场的坐标、地势、天气、可用救灾飞行器（运输机、直升机等），机场和当地空管部门的联系方式（协调航线）。

（2）道路交通信息：通往灾害所在地的道路信息，包括可用路线、道路类型（高速、国道等）、道路周边地势。

4.其他信息备注

其他信息备注，如二次灾害防护、医疗卫生事故调查等。

应急预案修正

随着灾后现场数据的不断获取，系统据此对模型的评估结果进行修正，进而不断补充和完善预案，使其内容与当前灾害的实际情况保持高度的同步性和一致性，以保证在满足救灾需求的基础上，合理投入人力和物资，达到高效理性救灾的目的。

历史救援方案对比

将应急预案与历史类似灾害的应急预案进行对比，对预案的合理性和可靠性进行横向评估。为确保当前应急预案的科学可信度，系统将当前与历史应急预案的内容进行细节对比，通过可视化的方式呈现。

救灾调度管理

救灾人员调度

　　救灾人员的调度，是根据生成的应急预案，对救灾人员进行合理的分配。根据距离、地形及人员专长等信息对救灾人员合理调度，达到减少响应时间、提高救援效率的目的。在应急预案生成后，确定救援人员名单，根据救援人员的人数、类别、分工和批次等信息进行救援人员的挑选。

　　在救援实施过程中，系统根据实时获得的信息（如某局部区域救援完成），对预案进行修正，此时也需要对救援人员进行重新分配与调度，更新并明确所有人员的职责，从而科学、快速、合理地组织救援力量。

救灾物资调度

　　在自然灾害或其他突发性事件发生以后，需要调用大量的救灾物资进行紧急救援，对于这种应急物资调度，最大的特点就是时间的紧迫性，时间效益远远高

于经济效益。但是物资储备仓库的应急救援物资通常是有限的，无法从同一仓库及时有效地调度足够的物资到灾害发生地。因此，需要研究得出一个相对较优的物资调度方案，该方案应该能在满足灾害发生地对物资数量及时限的要求下，尽可能地减少所消耗的物资以及运送物资所产生的费用。在大多数情况下，由于运输能力的限制，各应急物资储备仓库没有能力一次性地将其所储存的物资全部运出，在此运输能力是指应急物资储备仓库一次性所能运送的物资的最大运输量。

救援路线规划

救援路线规划是指在救援物资储备仓库的设置点到配送点之间可能存在的多个路线中根据路况等信息选出最佳路线的过程。物资从产品物资储备仓库到物资需求地流通的过程，可以是在两者之间直线运输，但很多情况下是经过储备仓库及各配送点而间接运送到物资需求地的。若物资储备仓库和配送点的布局不合理将会造成资源的极大浪费，有可能会在空间覆盖面上造成冲突或重复，也有可能会出现空白点，这两种情况都不利于灾害发生时物资的快速便捷运输。在根据应急预案产生的信息，合理分配出救灾物资储备仓库和配送点的位置后，会将物资储备仓库、配送点和物资需求地视为一个个结点，将整个物资调配路线当作网络图中的线段，由此组织成为一个空间网络图。利用 GIS 强大的空间网络分析和决策功能，使得配送中心布局和配送点的分布更趋于合理，使物资运输的速度大大加快。

本书提供了路线规划的一个数学模型，用于解决救援路线的规划问题。具体描述如下：

假定某物资储备仓库最多可以调度 m 辆车为 n 个物资需求点进行物资调度服务，每辆车的载重量为 $Q_k, k=1,2,\cdots,m$，每个需求点的需求量为 q_i（$i=1,2,\cdots,n$），物资需求点 i 到物资需求点 j 的运输距离为 C_{ij}，设 X_{ijk} 为 0—1 变量，若车辆 k 经

由物资需求点 i 到 j 则其值为1，否则为 0；亦为 0—1变量，若车辆 k 用以服务需求点 i 则其值为1，否则为 0。一般的救援路线规划问题的数学模型如下：

其目标函数为：

$$\min \sum_i \sum_j \sum_k C_{ij} \cdot X_{ijk} \qquad (5\text{-}5)$$

其约束条件如下：

$$\sum_i q_i \cdot Y_{ik} \leqslant Q_k, \ \forall k \in k \qquad (5\text{-}6)$$

$$\sum_{k=1}^m Y_{ik} = \left\{ \begin{matrix} m, i=0 \\ 1, i=1,\cdots,n \end{matrix} \right\} \qquad (5\text{-}7)$$

$Y_{ik} = \{0,1\}, \forall i \in N_0, k \in N$

$$\sum_i X_{ijk} = Y_{ik}, \ \forall j \in N_0, k \in k \qquad (5\text{-}8)$$

$$\sum_i q_i \cdot Y_{ik} \leqslant Q_k, \ \forall k \in k \qquad (5\text{-}9)$$

$$\sum_{k=1}^m Y_{ik} = \left\{ \begin{matrix} m, i=0 \\ 1, i=1,\cdots,n \end{matrix} \right\} \qquad (5\text{-}10)$$

其中，$Y_{ik} = \{0,1\}, \forall i \in N_0, k \in N$ 表示在满足车辆容量的限制下，将所有的需求点指派给配送中心的车辆 $\sum_i q_i \cdot Y_{ik} \leqslant Q_k, \ \forall k \in k$；表示由车辆 k 所服务的物资需求点的总载重量不超过车辆 k 的最大容量；$\sum_{k=1}^m Y_{ik} = \left\{ \begin{matrix} m, i=0 \\ 1, i=1,\cdots,n \end{matrix} \right\}$ 保证每个需求点一定有一部车提供服务，且所有的车辆均由配送中心出发后又回到配送中心。$Y_{ik} = \{0,1\}, \forall i \in N_0, k \in N$ 表示，若车辆 k 行经物资需求点 i 和物资需求点 j，则其必然服务物资需求点 i 和物资需求点 j，其中 X_{ijk} 为路径变量。

救灾人员信息管理

救灾人员信息管理包括系统维护、人员数据录入、人员数据查询和人员报表统计输出等。

（1）系统维护：该功能主要包括对数据进行浏览、修改、备份、删除等。

（2）救灾人员数据录入：救灾人员数据录入的内容主要包括救灾人员的年龄、职称、学历结构、类别（如医护人员、官兵或志愿者等）、救灾人员所在单位（如医院、部队等）、所在科室、专长、受训信息等。

（3）救灾人员数据查询：数据查询可生成表格或柱状图等形式，完成任何人员信息的查询。也可在相应位置填写选项，由系统自动生成检索条件，快速完成查询，以表格形式输出查询结果。

（4）救灾人员报表输出：可以根据救灾人员类型（如医护人员、官兵等）、人员所在单位、所在科室（如救灾医护人员所在科室、总人数、人员名册、学历、年龄等情况）、专长等关键词输出报表。

救灾物资信息管理

救灾物资信息管理主要实现的功能由救灾物资信息管理、救灾物资查询管理、救灾物资库存管理、救灾物资消耗登记管理及救灾物资数据报表输出组成。它们分别实现救灾物资的添加、删除、修改及查看等功能。

（1）救灾物资数据录入：救灾物资数据录入的内容主要包括救灾物资的名称、种类（医疗用品、生活必备品及救灾机械等）、型号、来源及数量等。

（2）救灾物资数据查询：救灾物资数据查询可以完成任何救灾物资信息的查询。可在相应位置填写选项，由系统自动生成检索条件，迅速完成查询，以表格形式输出查询结果。也可以根据模糊查询方式输出相关查询数据。

（3）救灾物资消耗登记：物资消耗登记模块完成记录每一项物资使用情况（如药品、生活用品的领取及大型机械的使用等），其中包括救灾物资使用的详细信息（如物资名称、消耗数量、去向、领取人及日期等信息），并能自动计算出数据（如短缺物资的种类、名称及数量等情况），有助于救灾物资消耗的去向明确，数据准确，实现物资消耗后的查询追踪功能。

（4）救灾物资数据报表输出：数据查询可生成表格柱状图等形式，完成任何救灾物资信息的查询。主要包括救援物资的数量、使用情况、短缺物资等信息，以表格等形式输出报表。

第6章

决策模型

地震灾害事件

地震灾难特点和伤情特征

　　地震是地球内部运动引发的地表震动的一种自然现象，是长期积累的能量突然释放的一种运动形式。地球上板块与板块之间相互挤压碰撞，造成板块边沿及板块内部产生错动和破裂，是引起地面震动（即地震）的主要原因。地震灾害是指由地震引起的强烈地面振动及伴生的地面裂缝和变形，使各类建（构）筑物倒塌、建筑设备和设施损坏、道路交通中断和其他生命线工程设施等的破坏以及人员伤亡。地震灾害评估是地震灾害应急响应与救援的重要依据，对提高地震应急能力有重要意义。

　　地震导致的伤情常常多种多样，较为复杂和严重，且伤情的特点常与地震发生的环境条件、季节、时间等有密切的关系。一般最为常见的是被倒塌破坏的建筑物、家具、室内设备等砸压所致的机械损伤，约占地震所致各类伤害类型的95%—98%。而伤害的严重程度则取决于伤员受到砸压等外部压力的大小以及作用部位。头部损伤中颅脑损伤的致死率最高，伤员往往在送往医院的途中死亡。四肢伤发生的概率也很高，且常伴有周围神经损伤和血管损伤。腹部伤的发生率相对较低，但却常常因为内脏大出血而导致早期死亡。骨盆部的损伤常常伴有膀胱和性器官的损伤。

　　在地震造成的各种直接伤害中，骨折的发生率最高，其中脊柱骨折伤可占骨折伤的1/4以上，而这其中30%—40%可并发瘫痪。同时，在灾难发生后，民众由于长时间被困于地震废墟中而缺少食物来源，呈持续饥饿和恐惧状态，以致身体极度虚弱，血压下降，不及时救治可发生虚脱而死亡。此外，休克与感染往往也是地震早期死亡的主要原因。在外界环境较为恶劣以及医疗设施不完善的情况下，创口极易遭受各种细菌的侵入性感染。

综合来说，地震导致的主要伤病类型：骨折、失血、脏器受损、软组织损伤、颅脑损伤、浅表外伤。

地震灾情评估内容

1.地震灾害人员伤亡情况

破坏性地震往往给人类带来巨大的生命财产损失，与经济损失相比，地震所造成的人员伤亡给整个社会带来的影响更加深远和沉重。我国地处环太平洋地震带与欧亚地震带之间，地震活动具有频度高、强度大、震源浅、分布广的特点，是地震灾害最严重的国家。2008年5月12日，汶川8.0级地震是中华人民共和国成立以来破坏性最强、波及范围最大的一次地震。该次地震影响范围波及约50

万km², 造成46万余人伤亡。2010年4月14日, 青海省玉树县发生了7.1级地震, 约1万余人伤亡。破坏性地震发生后, 及时、高效、有序地进行生命救助, 减少人员伤亡是震后抢险救灾的首要任务。开展地震伤亡人员快速评估方法的研究, 为合理部署救援力量以及制定防震减灾策略提供了主要依据和参考, 具有重要的研究意义和实用价值。

破坏性地震造成的人员伤亡的现场调查和评估结果是政府实施抗震救灾和恢复重建决策的重要依据。然而, 强震发生后1—3天, 由于交通、电力、通信中断或者瘫痪, 研究人员难以快速地进行详细的灾情调查和科学的评估工作。这对于地震发生后必须立即采取应急措施实施紧急救援行动而言, 并不能满足抗震救灾指挥部对实施紧急救援的指挥决策的需要。因此, 有必要研究一种地震灾害快速评估方法, 以便使抗震救灾指挥机构更准确、更迅速地确定应急救灾的级别或规模, 发挥社会服务职能作用。

地震造成的人员伤亡包括受伤和死亡。其中死亡一般可分为直接性死亡和间接性死亡。直接性死亡是由于地震造成建筑物倒塌而引起的死亡；间接性死亡包括地震前发布地震告警后以及地震发生后由于火灾、严寒、传染病、滑坡滚石以及由于恐慌引起的跳楼、突发疾病等造成的死亡。

2.地震灾害基础设施损毁情况

基础设施损毁情况包括倒塌房屋面积、房屋倒损率、道路损毁条数、桥梁损毁数量。根据有关标准: 倒塌房屋是指因灾害导致房屋的两面以上墙壁坍塌, 或房顶结构濒于崩溃、倒毁, 必须拆除重建的房屋。损坏房屋是指因灾导致房屋部分承重构件出现损坏, 或非承重构件出现明显裂缝, 或附属构件遭受破坏, 需要进行较大规模的修复才可以居住的房屋。

受损公路和受损铁路是指路基或者路面损毁导致交通中断的公路和铁路。

受损桥梁是指路基或路面损毁导致交通中断的桥梁。

地震灾害灾情评估流程

　　地震发生后，由县（市）政府统一核准灾情等信息，实行分级上报、归口处理、同级共享。因此，在接到下属民政部门上报的具体灾情之前，可以利用从国家地震局、地质部门、美国USGS等获取的地震灾害基本信息（震源位置、震级等），以及一些基础地理信息数据和地震烈度等数据，启动本书提供的地震伤情快速评估模型，分析灾情的分布以及损失情况。

1.地震伤情快速评估模型

基于地理相似性的地震伤亡初步评估预测模型，包括下列步骤：

　　（1）分析影响地震伤亡情况的主要因素。

　　（2）确定影响因素与伤亡人数之间的关系。

　　（3）按照确定的函数关系进行建模。

　　（4）对模型进行修正。

　　在步骤（1）中，地震影响因素众多，例如震级、震深、时间、建筑物抗震能力、居民防震抗震意识等，但是建筑物抗震能力、居民防震抗震意识等因素在震后第一时间无法精确获取。本书首先获取中国地震信息网公布的灾害历史数据，分析震级、烈度、发生时间、人口密度与伤亡人数等在震发后可快速、精确获取的参数，研究上述参数之间的关联性影响。

　　地形将对地震灾害产生重要影响，但是由于地形因素不易进行量化，故本书在建模过程中根据省份之间的地形相似度，区分不同的省份来进行，由于震深等参数也呈现一定的地域性，分省份进行建模也同时解决了震深因素的影响。烈度、发震时间、人口密度等参数均可通过适当的系数修正使得预测结果更为精准。

　　通过上述对地震影响因素的分析，首先考虑震级对伤亡人数建模时的影响。本书选择一些省的灾情历史数据，分别形成伤亡人数与震级之间的粗略关系图。

以四川省为例，根据四川省2008年之前的地震数据（表6-1），作出伤亡人员与
震级之间的关系图，如图6.1所示。

表6-1 四川省地震数据

时　间	地　点	震级	伤亡数/人
1933-8-25	茂县叠溪镇	7.5	20000
1976-8-16	平武县	7.2	797
1976-11-7	盐源县	6.7	495
1981-1-24	道孚县	6.9	612
1982-6-16	甘孜县	6	24
1988-4-15	会东县	5.2	20
1989-3-1	小金县	5	0
1989-6-9	石棉县	5.2	8
1989-9-22	小金县	6.6	152
1993-5-24	德格县	5	0
1993-8-7	沐川县凤村等交界处	5	3
1994-12-30	沐川县杨村等交界处	5.7	133
1996-2-28	宜宾市	5.4	10
1996-12-21	白玉县-巴塘县	5.5	61
1999-9-14	绵竹市	5	4
1999-11-30	绵竹市	5	4
2001-5-24	盐源县-云南省宁蒗彝族自治县	5.8	72
2003-8-21	盐源县	5	9
2004-6-17	宜宾市	4.7	10
2008-5-12	汶川县	8	461788

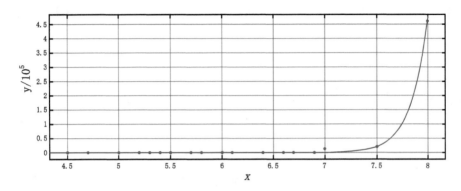

图6.1　地震灾害事件伤亡人数曲线

根据图6.1中伤亡人数曲线走势可以直观看出伤亡人数与震级之间基本符合指数关系Injury_P=P（magnitude）。此外，四川省地震伤亡人数随着不同的震级差别较大，因此本书将根据不同的震级档次对伤亡人数进行指数拟合建模分析。

对于指数拟合的问题，常用的解决方法是把其转化为线性关系进行处理，设$y=a\times e^{bx}$，两边取对数可得$\ln y=\ln a+bx$，可见$\ln y$与x呈现出线性关系，可以用线性关系拟合的方法进行处理。目前，最常用的线性拟合方法是最小二乘法。

其中，数值分析中线性拟合根据给定一组观测数据（或称待拟合点、散点等）(x_i,y_i)（$i=1,2,3,\cdots,m$），在某一类曲线中寻找一条最佳曲线$y=f(x)$，使该曲线拟合这些数据。曲线类的选取要靠经验和对数据的直观分析，因此又被称为经验公式，最佳的标准为使总体误差最小。如果采用绝对误差，数学上采用微积分知识求最小值，处理较困难，因此通常采用最小二乘法来处理。但是最小二乘法是一种简化处理办法，它采用纵向（y向）离差代替综合离差（x向和y向），降低了运算复杂度，但同时带来了一定的误差。为了避免最小二乘法带来的拟合误差，采用最小距离平方和法进行拟合数据。

本书所提预测模型的思路是：设经过m个待拟合点(x_i,y_i)（$i=1,2,3,\cdots,m$）

的线性拟合函数为 $y=f(x)=ax+b$，任一散点 (x_i,y_i) 到直线 $y=f(x)$ 的垂线（最短）距离为：

$$d_i = \frac{|ax_i - y_i + b|}{\sqrt{a^2+1}} \qquad (6\text{-}1)$$

令 $g(a,b) = \sum_{i=1}^{m} d_i^2$，既 $g(a,b) = \frac{1}{a^2+1}\sum_{i=1}^{m}[y_i-(ax_i+b)]^2$ $\qquad$ (6-2)

为求最佳线性拟合函数，只需使 $g(a,b)$ 取到最小值。

利用前述最小距离平方和法对各省数据进行指数拟合。以四川省数据为例，建模结果为：

8级以上：$P= 5.656*10-22*r^{29.8}$

7—8级：$P= 0.111*r^{6.006}$

6—7级：$P=0.1019*r^{4.576}$

5—6级：$P= 4.25*10-15*r^{21.82}$

其他各省份的分析方法同四川省，其中一些省份如广东、广西、贵州、宁夏、吉林、辽宁等，历史数据较少，按照地形、人口等相似度归入其他省份，最终建模结果如表6-2所示。由于某些省份内（四川、云南、广东、广西、贵州除外）不存在震级分化现象，故没有进行分级建模。

表6-2 地震伤亡人数建模结果

省　　份	模　　型
四川省	>8 ：$P=5.656*10-22*r^{29.8}$ $7-8$：$P=0.111*r^{6.006}$ $6-7$：$P=0.1019*r^{4.576}$ $5-6$：$P=4.25*10-15*r^{21.82}$
云南省、广东省、广西壮族自治区、贵州省	$>=7$：$P=1.372*10-5*r^{10.77}$ $6-7$：$P=2.593*10-6*r^{10.96}$ $5-6$：$P=0.1989*r^{4.005}$
新疆维吾尔自治区	$P=1.733*10-31*r^{41.41}$
内蒙古自治区	$P=2.218*104*r^{-1.956}$
河北省	$P=2.858*10-19*r^{27.07}$
青海省、宁夏回族自治区	$P=1.379*10-7*r^{12.94}$
黑龙江省、吉林省、辽宁省	$P=5.45*10-19*r^{26.09}$
甘肃省	$P=2.831*10-4*r^{7.903}$
山西省、陕西省	$P=4.713*10-09*r^{13.5}$
江苏省、安徽省	$P=1.608*10-20*r^{29.9}$
江西省、福建省、湖南省、湖北省、浙江省	$P=6.901*10-48*r^{66.22}$
山东省、河南省	$P=4.327*10-14*r^{22.16}$
西藏自治区	$P=6.643*10-58*r^{65.48}$

具体地，步骤（4）的模型修正如图6.2所示。

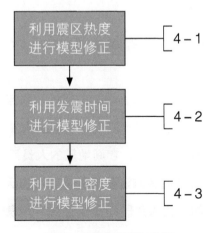

图6.2 模型修正详细步骤

地震伤亡人数除受震级影响外，烈度、发震时间、人口密度等因素也同样对伤亡人数具有较大的影响。本书通过将这三个因素考虑进上述模型中，进一步提高预测模型的精确度。此外，房屋抗震能力、困陷环境、救援效率以及次生灾害也会对伤亡人数产生影响，但是限于地震评估对于可实际获取数据的实时性要求，上述因素的统计较为困难，故本书中不做讨论。

伤亡人数预测模型修正为：

$$Injury\_P = \rho\_intensity * \rho\_time * \rho\_density * P(magnitude) \qquad (6\text{-}3)$$

其中，$\rho\_intensity$定义为烈度修正系数；ρ_time定义为发震时间修正系数；$\rho\_density$定义为人口密度修正系数。

对于$\rho\_intensity$，记震区烈度$V1, V2, \cdots, Vi$，对应面积为$S1, S2, \cdots, Si$，震区平均烈度为：

$$Int = (V1*S1 + V2*S2 + \cdots) / (S1 + S2 + \cdots) \qquad (6\text{-}4)$$

因此，烈度与伤亡人数之间的函数关系为：

$$P = 12.2e - (\ln(Int) - 2.445)2/0.09 \qquad (6\text{-}5)$$

其中，烈度修正系数=发震区烈度造成的人员伤亡数/平均烈度造成的人员伤亡数，计算方法如式（6-6）：

$$\rho\_intensity\_i = e - (\ln(Vi) - 2.445)2/0.09/e - (\ln(Int) - 2.445)2/0.09$$
$$(6\text{-}6)$$

对于发震时间修正系数ρ_time，因人的室内活动与时间有关，地震发生在不同的时间段所致死亡人数会有很大的不同，即夜晚发震死亡人数比白天发震死亡人数多；但随着地震烈度增大，夜间地震的人员死亡率与白天地震的差别将不明显。《地震人员伤亡估算方法研究》提出将白天的时间修正系数取1，对应出不同烈度区夜间的死亡人数时间修正系数，如表6-3，对伤亡人数进行修正。

表6-3 时间系数

烈度	VI	VII	VIII	IX	X
夜晚	17	8	4	2	1.5

对于人口密度修正系数ρ_density的计算，在其他条件相同的情况下，人口密度越大则死亡人数越多，得出了受灾区域人口密度修正系数。记受灾省份人口密度是P_President，发震地区人口密度计算为P_district。人口密度修正系数是ρ_density=P_district/P_President。

2.基于震害矩阵（易损性分析）的基础设施损毁评估

地震对基础设施损害的大小取决于两方面的因素：地震的强度和基础设施的易损性。针对特定易损性的基础设施可以用震害矩阵（又称易损矩阵）描述不同地震烈度下遭受不同损坏的概率，如表6-4所示，如果已知某地区特定易损性的基础设施数量，则可以利用震害矩阵估算一定强度地震后该类基础设施的损毁数量。

表6-4 某结构建筑的震害矩阵

（单位%）

烈度	震害等级				
	基本完好	轻微破坏	中等破坏	严重破坏	毁坏
VI	88	12	0	0	0
VII	75	23	2	0	0
VIII	55	33	10.3	1.5	0.2

我国从20世纪50年代就建立了地震烈度区划图，并在此基础上建立了建筑抗震设计规范，规定了全国各地的各种建筑物的抗震设计标准。因此，依据我国的地震烈度区划图和建筑抗震设计规范就可以推测全国各地各种建筑物的易损性。因此按照此思路构建全国各地各种房屋的默认震害矩阵。利用这些矩阵，可以在地震初期没有详细数据的情况下初步估算基础设施的损毁情况。

由于影响建筑物易损性的因素很多，系统提供了利用某地区历史震害数据估算该地区的震害矩阵的功能，以便估算出更准确的震害矩阵。

地震发生后一段时间，对新获取的震后的遥感数据，对比灾前数据进行人工判读。可利用变化检测等图像处理手段，辅助人工判读，完成对影像的目视解释，可以得到各个行政单元的房屋倒塌率和道路/桥梁的损毁分布。利用遥感影像的判读结果，对震害矩阵进行更新，得到对应准确的易损矩阵，用更新后的矩阵计算得到更为准确的基础设施损毁评估的结果。

典型案例及评估效果

本书利用基于地理位置相似性地震伤亡人员预测的方法对地震伤亡情况进行预测时，快速简便并且误差率小。定义误差和误差百分率公式如下：

$$误差=|预测伤亡人数-实际伤亡人数| \qquad (6-7)$$

$$误差百分率=|预测伤亡人数-实际伤亡人数|/实际伤亡人数 \qquad (6-8)$$

由于玉树地震人员伤亡数据相对较完整（表6-5），故本书用青海省玉树市地震数据进行不同预测模型的比较。

表6-5 玉树地震数据

地　点	震级	时间	伤亡数/人	房屋倒塌面积/m²	房屋严重破坏面积/m²	人口密度/m²	烈度/km²
青海省玉树市	7.1	7：49	14295	1839510	0	22.71	6.6

《基于汶川地震的人员伤亡预测模型研究》中模型为$P=0.00561*A1+0.0016*A2+0.000623*A3$，其中$A1$表示房屋倒塌的面积（m²），$A2$表示房屋严重破坏的面积（m²），$A3$表示房屋一般破坏的面积（m²）。《基于主成分分析及BP神经网络分析的地震人员伤亡预测模型研究》[9]在综合考虑各种因素后选取地震发生时刻、人口密度、地震预报与否、建筑物破坏率、设防水准、震级、烈度等因素作为评价指标，首先运用主成分分析算出其主成分，然后运用神经网络分析方法建立预测模型。

其中，方案1为《基于汶川地震的地震人员伤亡预测模型研究》的模型，方案2为《基于主成分分析及 BP 神经网络分析的地震人员伤亡预测模型研究》中的模型。表6-6说明本模型相比于其他模型误差百分率较小，表明本书所提出的模型具有较高的准确性和实用参考性。

表6-6 各模型数据比较

模 型	实际伤亡/人	预测伤亡/人	误差/人	误差率/%
方案1	14295	9801	4494	0.3140
方案2	14295	18298	4003	0.2800
本书方案	14295	14243	52	0.0036

利用2008—2014年的主要地震数据检验预测模型的准确性，见表6-7。

表6-7 2008—2014年地震伤亡人数预测数据

时 间	地 点	实际伤亡/人	预测伤亡/人	误差率/%
2008-1-9	西藏自治改则县	0	0	0
2008-5-12	四川省汶川县	461788	461945	0
2008-8-30	四川省攀枝花市	627	400	0.36
2009-7-9	云南省楚雄市	373	381	0.02
2009-8-8	重庆市	3	2	0.33
2010-1-31	四川省遂宁市	17	14	0.18
2010-4-14	青海省玉树市	14295	14243	0.004
2010-10-24	河南省太康县	12	34	1.8
2011-3-10	云南省盈江县	339	198	0.416
2012-6-24	云南省丽江市	109	212	0.945
2012-6-30	新疆维吾尔自治区新源县	52	53	0.019
2012-7-20	江苏省高邮市	4	5	0.25
2013-4-17	云南省洱源县	14	11	0.214
2013-4-20	四川省雅安市	13215	13212	0
2013-7-22	甘肃省岷县	2509	2501	0.003
2013-11-23	吉林省前郭尔罗斯蒙古族自治县	25	45	0.8
2013-12-16	湖北省巴东县	4	0	1
2014-8-3	云南省鲁甸县	3758	2105	0.440

地质灾害事件

地质灾害特点和伤情特征

1.地质灾害特点

地质灾害是指在自然或者人为因素的作用下形成的，对人类生命财产、环境造成破坏和损失的地质作用（现象）。如崩塌、滑坡、泥石流、地裂缝、水土流失、土地沙漠化及沼泽化、土壤盐碱化，以及地震、火山、地热害等。以地质动力活动或地质环境异常变化为主要成因的自然灾害。在地球内动力、外动力或人为地质动力作用下，地球发生异常能量释放、物质运动、岩土体变形位移以及环境异常变化等，危害人类生命财产、生活与经济活动或破坏人类赖以生存与发展的资源、环境的现象或过程。不良地质现象通常叫作地质灾害，是指自然地质作用和人类活动造成的恶化地质环境，降低了环境质量，直接或间接危害人类安全，并给社会和经济建设造成损失的地质事件。

2.地质灾害伤情特征

崩塌、滑坡、泥石流等地质灾害除了毁坏村庄、农田、水利、工厂等各种建筑物外，也常伤害人畜生命。不同的灾害对人体造成不同的伤害，如窒息、外伤、掩埋、毒蛇咬伤等。窒息是指人体的呼吸过程由于某种原因受阻或异常，所产生的全身各器官组织缺氧，二氧化碳潴留而引起的组织细胞代谢障碍、功能紊乱和形态结构损伤的病理状态。可能导致窒息的原因很多，如地质灾害中的物体坍塌导致的挤压或者溺水等。在地质灾害中，头部损伤的比例较大，主要是神智变化，严重者可能出现昏迷。同时，面、颈部的创伤因起到阻塞也可能导致窒息。胸部创伤85%以上是肋骨骨折引起的血气胸和肺挫伤。由于多发伤损伤范围广，失血量大，创伤的应急反应剧烈，易发生低血容量性休克，有时与心源性休克同时存在。创伤后机体免疫功能受到抑制，伤口污染严重，肠道细菌移位，以及侵入性导管的使用，感染发生率高。据统计，创伤感染所致的死亡占全部死亡的78%。多发伤早期低氧症发生率高，可高达90%，尤其是颅脑损伤、胸部伤伴有休克和昏迷者。

综合来说，地质灾害导致的主要伤病类型是：骨折、失血、脏器受损、软组织损伤、颅脑损伤、浅表外伤。

地质灾情相关术语

泥石流——是山区特有的一种自然现象。它是由于降水而形成的一种带大量泥沙、石块等固体物质条件的特殊洪流。识别：中游沟身长不对称，参差不齐；沟槽中构成跌水；形成多级阶地等。

滑坡——是指斜坡上的岩体由于某种原因在重力的作用下沿着一定的软弱面或软弱带整体向下滑动的现象。

崩塌——是指较陡的斜坡上的岩土体在重力的作用下突然脱离母体崩落、滚动堆积在坡脚的地质现象。

地面塌陷——是指地表岩、土体在自然或人为因素作用下向下陷落，并在地面形成塌陷坑的自然现象。

特大型地质灾害险情——受灾害威胁，需搬迁转移人数在1000人以上或潜在可能造成的经济损失1亿元以上的地质灾害险情。特大型地质灾害灾情：因灾死亡30人以上或因灾造成直接经济损失1000万元以上的地质灾害灾情。

大型地质灾害险情——受灾害威胁，需搬迁转移人数在500人以上1000人以下，或潜在经济损失5000万元以上1亿元以下的地质灾害险情。大型地质灾害灾情：因灾死亡10人以上30人以下，或因灾造成直接经济损失500万元以上1000万元以下的地质灾害灾情。

中型地质灾害险情——受灾害威胁，需搬迁转移人数在100人以上、500人以下，或潜在经济损失500万元以上、5000万元以下的地质灾害险情。中型地质灾害灾情：因灾死亡3人以上、10人以下，或因灾造成直接经济损失100万元以上、500万元以下的地质灾害灾情。

小型地质灾害险情——受灾害威胁，需搬迁转移人数在100以下，或潜在经济损失500万元以下的地质灾害险情。小型地质灾害灾情：因灾死亡3人以下，或因灾造成直接经济损失100万元以下的地质灾害灾情。

平均降雨强度——最强降雨时段平均时降雨量。

地质灾情评估内容

地质灾害是指自然因素或者人为活动引发的危害人民生命和财产安全的崩塌、滑坡、泥石流、地面塌陷、地裂缝、地面沉降等与地质作用有关的灾害。对于已经发生的地质灾害，地质灾害评估的基本方法和主要内容是调查地质灾害活动规模，统计地质灾害对人口、财产以及资源、环境的破坏程度，核算地质灾害直接经济损失与间接经济损失，评定地质灾害等级。对于有发生可能但尚未发生的地质灾害，地质灾害评估是预测评价地质灾害的可能程度，对此有人称之为地质灾害风险评估或地质灾害风险评价。其基本内容和步骤是：先分析评价地质灾害活动的危险程度和地质灾害危险区受灾体的可能破坏程度，即地质灾害的危险性评价和灾害区的易损性评价，再在此基础上进一步分析预测地质灾害的预期损失，即进行地质灾害的破坏损失评价。地质灾害评估的基本目的是通过单项指标或综合指标定量化反映地质灾害的主要特点和破坏损失程度，为规划、部署和实施地质灾害防治工作提供依据。

地质灾害灾情评估流程

基于降雨量相关分析的地质灾害伤亡初步评估预测模型，包括下列步骤：

（1）分析影响地质灾害伤亡情况的主要因素。

（2）确定影响因素与伤亡人数之间的关系。

（3）按照确定的函数关系进行建模。

以2004—2011年中国地质灾害数据为依据，粗略建立平均降雨强度与伤亡人员之间的关系（图6.3），粗略确定函数关系。

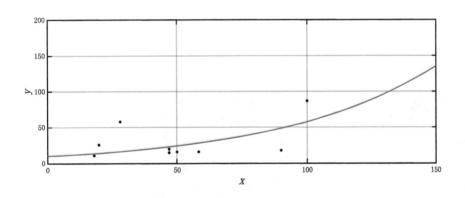

图6.3 地质灾害事件伤亡人数曲线

从图6.3伤亡人数曲线走势可以看出，平均降雨强度与伤亡人员之间符合指数函数关系。如前所述，采用最小距离平方和法进行拟合数据。建模结果为 $P=0.01749*x^2-1.676*x+56.79$。

典型案例及评估效果如表6-8所示。

表6-8 2004—2009年部分地质伤亡人数预测数据

时　间	地　　点	类　型	降雨强度/(mm·h⁻¹)	实际伤亡人数	预测伤亡人数	误差率
2004-5-30	贵州省六盘水市水城县金盆乡营盘村	滑坡	50	16	17	0.06
2004-6-30	四川省宜宾市兴文县两龙乡三村	滑坡	90	18	48	1.67
2004-9-5	重庆市万州区、云阳县、开县，四川省达州市	滑坡崩塌	100	87	64	0.26
2005-9-1	浙江省文成县石垟乡枫龙村	泥石流	58.4	16	19	0.19
2006-7-14	福建省漳浦县中西林场	滑坡	17.9	11	32	1.90
2006-7-15	湖南省永兴县樟树乡界江村下张家组	滑坡	19.7	26	31	0.19
2006-8-11	浙江省庆元县荷地镇石磨下村	泥石流	47	20	17	0.15
2006-8-11	浙江省庆元县荷地镇坪头村	泥石流	47	15	17	0.13
2009-7-23	四川省甘孜州康定县舍联乡响水沟	泥石流	28	58	24	0.59

洪涝灾害事件

洪涝灾害特点和伤情特征

1.洪涝灾害特点

洪涝是指因大雨、暴雨或持续降雨使低洼地区淹没、渍水的现象。洪涝灾害包括洪水灾害和雨涝灾害两类。其中，由于强降雨、冰雪融化、冰凌、堤坝溃决、风暴潮等原因引起江河湖泊及沿海水量增加、水位上涨而泛滥以及山洪暴发所造成的灾害称为洪水灾害；因大雨、暴雨或长期降雨量过于集中而产生大量的积水和径流，排水不及时，致使土地、房屋等渍水、受淹而造成的灾害称为雨涝灾害。由于洪水灾害和雨涝灾害往往同时或连续发生在同一地区，有时难以准确界定，往往统称为洪涝灾害。受气候地理条件和社会经济因素的影响，我国的洪涝灾害具有范围广、发生频繁、突发性强、损失大的特点。

2.洪涝伤情特征

洪涝导致的伤情最为常见的就是溺水。溺水是指人淹没于某种液体（大多数为水）中，由于呼吸道被外物堵塞或喉头、气管发生发射性痉挛而造成的窒息和缺氧，以及液体进入肺后造成呼吸、循环系统及电解质失常，发生呼吸、心跳停止而死亡。其中，人在入水后因受强烈刺激（惊慌、恐惧、骤然寒冷等）引起喉头痉挛，以致呼吸道完全梗阻，造成窒息死亡形成的干性溺水，占溺死者的10%—40%。由于淹溺的水所含的成分不同，引起的病变也有差异。由于心

脏停搏和窒息引起的缺氧性脑损害，会导致脑细胞受损和脑水肿；当肺泡进水时，无论是淡水还是海水均可导致呼吸窘迫综合征。当溺水发生在淡水时，低渗液体进入血循环，稀释血液，引起低钠、低氯和低蛋白血症；溺水发生在海水时，高渗液进入血循环，引起电解质紊乱；机体抵抗力下降等原因可继发肺部感染；当病情进一步恶化，可发生心力衰竭和急性肾功能衰竭。淡水溺水多发生在内陆地区的洪水灾害中，海水溺水多发生在海啸引起的洪涝灾害中。

由于窒息轻重不等，溺水量的多少与持续时间长短不同，故溺水者的临床表现亦有所不同。轻者神志清楚，可有胸闷、气短、咳嗽等症状，可有反射性血压升高，心率增快。严重者出现面部肿胀，双眼充血，口腔、鼻腔充满血性泡沫或污泥、杂草，皮肤黏膜苍白、发绀，肢体冰冷，烦躁不安，可伴有抽搐，双肺满布湿啰音，腹部隆起，直至血压下降、呼吸和心跳微弱或停止。此外，在灾难发生后，由于供水设施和污水排放条件遭到不同程度的破坏，饮用水安全性降低，极易造成肠道传染病的暴发和流行，还易导致较大范围的食物中毒事件和传染性疾病的暴发。

综合来说，地震导致的主要伤病类型：溺水、脏器受损、颅脑损伤、食源性疾病。

洪涝灾情相关术语

水位——是指河流、湖泊、海洋及水库的自由水面离固定基面的高程。

洪水位——是指汛期内河流超过滩地或主槽两岸地面时急剧上升的水位。多因流域内降雨或融雪而引起。也有依据历年观测资料确定某一历时的水位作为下限，超过此限的水位即称"洪水位"。

洪峰——是指洪水的最大流量。

洪峰模数——指控制断面的洪峰流量与该控制面积的比值。

警戒水位——是指在江、河、湖泊水位上涨到河段内可能发生险情的水位，是我国防汛部门规定的各江河堤防需要处于防守戒备状态的水位。

保证水位——是指堤防工程所能保证自身安全运行的水位，又称最高防洪水位或危害水位。

洪水涨落率——单位时间洪水位涨落的变幅。

洪水顶托——是指两条河流相汇，交汇点以上洪水位相互抬高的现象。

平均降雨强度——最强降雨时段平均时降雨量。

洪涝灾情评估内容

1.洪涝灾害人口受灾情况

根据《自然灾害情况统计制度》：受灾人口指因自然灾害遭受损失的人口数量，包括因灾致死、致伤、致病的人口，因灾使生产、生活受到破坏的人口，以及家庭财产受到损害的人口。此处评估的受灾人口包括农业受灾人口，非农业受灾人口，受灾害影响人口。其中，受灾害影响人口是指在灾害发生初期，没有灾害上报的情况下，将受灾区域内的全部人口作为受灾害影响人口。

2.洪涝灾害范围

根据中华人民共和国民政部2008年发布的《自然灾害情况统计制度》中对

受灾范围的定义，评估的受灾范围不是灾害发生的空间范围，而是受到灾害影响并且遭受损失的地区，即灾情范围。

3.洪涝灾害强度

目前，所有洪涝灾害的研究中有两种定义灾害强度的方式：一是指致灾因子强度，如洪水重现期；二是指"灾度"，即灾情的大小。本研究中评估的灾害强度不是指致灾因子强度，而是指灾害造成的破坏程度，即灾情强度。灾情强度有3个基本因素决定：一是致灾因子的强度；二是受灾地区防御和耐受灾害的能力；三是受灾地区的人口密度和经济水平。此处评估的灾害强度以人口受灾情况和基础设施损毁情况的综合程度来表示，并划分等级。具体描述时以各级行政区划分单位进行说明。

洪涝灾害灾情评估流程

基于区域最大降雨量分析的洪涝灾害人口伤亡初步评估预测模型，包括下列步骤：

（1）分析影响洪涝灾害伤亡情况的主要因素。

（2）确定影响因素与伤亡人数之间的关系。

（3）按照确定的函数关系进行建模。

以2000—2010年的中国洪涝灾害数据为依据，粗略建立区域最大降雨量与伤亡人员之间的关系，粗略确定函数关系。可以得出，区域最大降雨量与伤亡人员之间符合指数函数关系。如前所述，采用指数拟合的方法构建模型。建模结果为$P = a*\exp(b*x)$。其中，Coefficients（with 95% confidence bounds）：

$a = 0.1252$（-0.4693，0.7197）

$b = 0.01203$（0.003979，0.02009）。

典型案例及评估效果如表6-9所示。

表6-9 2004—2009年部分洪涝伤亡人数预测数据

时　　间	地　　点	降雨强度/ (mm·h⁻¹)	实际伤 亡人数	预测伤 亡人数	误差率/%
2001年5月底—6月上旬	云南省玉溪市、临沧市、西双版纳傣族自治州等8地	100	36	0	0.98
2001年7月下旬—8月6日	山东省	400	10	15	0.54
2003年8月中下旬—9月上旬	陕西省宁陕县	509	20	57	1.86
2004年6月下旬	湖南省	264	27	3	0.89
2004年7月17—20日	湖南省沅水、澧水全流域、资水中下游以及西、南洞庭湖	409	18	17	0.05
2004年7月5—6日	云南省德宏等地	288	19	4	0.79
2004年9月3—6日	四川省	464	103	33	0.68
2004年9月3—6日	重庆市	298	82	5	0.94
2005年7月5—9日	四川盆地东北部巴中、达州、广安等地	439	61	25	0.60
2006年5月30日—6月2日	福建省中部	200	22	1	0.94
2006年6月3—7月	福建省北部 闽江洪水	445	26	26	0.02
2006年6月8日	广西壮族自治区	271	13	3	0.74
2006年6月12—13日	贵州省南部、西南部	211	33	2	0.95

第7章

调度技术

人员调度技术

　　救援人员调度。系统依据救援人员的人数、类别、分工和批次等信息进行救援人员的任务分配，达到减少响应时间，提高救援效率的目的。人员调度与物资调度的不同点在于：人员作为一种可重复利用的救灾资源可重复参与调度；人员具有流动性，需要对人员实时定位；人员需要反馈灾害信息给指挥部。系统可以根据救援人员的添加及现场灾情信息的发展生成调度方案。还可以根据现场方舱的分布合理地安置伤员，采用Web GIS技术对人员进行定位，动态地实现人员的分布管理及任务分配。关键技术如下：

　　1.定位调度

　　现场指挥人员可以通过车载指挥平台实现可视化人力分布管理，对终端工作人员的分布一目了然，可实现对移动终端现场救援人员的位置实时更新，动态监控人员位置。

　　2.任务管理

　　现场指挥人员可以动态、实时地对任务进行监控，可实现人员在空间上的可视化管理并能及时准确发布任务信息。并能根据现场救援信息合理分配救援任务。

　　3.信息反馈

　　现场救援人可携带手持终端上传的位置信息、图片信息保存入数据库后，与后台信息管理系统中救援人员的档案信息数据建立联系，供现场资源调度子系统调用，实现现场救援人员与位置信息的一一对应，集体管理。

物资调度技术

近年来，我国政府高度重视突发自然灾害的救助问题，1998年，民政部、财政部出台了《关于建立中央级救灾物资储备制度的通知》，在全国设立8个中央级救灾物资储备仓库。2003年，我国中央级救灾储备库由原来的8个增加到10个。2008年5月12日大地震后，2009年民政部又决定将中央级救灾储备库由10个增加到24个，目前该库正在建设过程中。与此同时，各省、自治区、直辖市相继建立了各自的省级储备库，灾害多发市、县也相继建立了相应的储备库，储存物资数量和质量水平都有较大提高。2006年1月10日，政府部门还发布了"国家自然灾害救助应急预案"，标志着我国突发自然灾害应急物流救助工作又取得了新的进展。

一般而言，应急物资调度具有强时效性、突发性、不确定性、弱经济性等特征。

1.强时效性

应急物流最突出的特征就是"急"。对突发性自然灾害的处理一般时效性要求都很强。如地震发生后的72小时是抢险救援的黄金时间，这就要求应急物流首先强调的是时效性而不是经济性。在灾难面前，保障生命和财产安全是第一位的选择，如能提前1天、1小时、甚至1分钟将抗灾救灾急需的设备和物资等运送到灾区，便意味着能抢救出更多的生命，从而最大限度地降低灾害带来的损失。这就要求应急物流能够在最短时间内、以最快捷的流程和最安全的方式进行运作。

强时效性需要从3个方面加以保障：一是储备足够种类和数量的应急物资；二是确定科学的应急物资储备地点；三是采取合理的配送调运方式和方案，在最短时间内向灾区调拨足够的物资。因此，必须在最短时间内、以最快捷的流程和最安全的方式组织应急物流活动，最大限度地降低灾害带来的损失。

2.突发性

突发性是自然灾害的基本属性。自然灾害的爆发通常是一个比较短的过程。许多灾害发生前，人们难以对发生时间、强度、可能造成的损失等作出准确的预测和判断。自然灾害的突发性，决定了应急物流的突发性，使得应急物流的组织工作不能等同于普通物流。它需要从储备点布局、物资存储、运力准备等方方面

面提前做好预案和准备工作，从而保证能够在灾害发生后第一时间启动响应，为灾害抢险救援和群众安置抗灾救灾工作等提供所需的应急物资，以利于最大限度地降低损失，控制影响范围。

3.不确定性

自然灾害发生后，应急物资的需求存在很大的不确定性，这是应急物流区别于普通物流的又一显著特征。这种不确定主要表现在，一是需求时间的不确定性，自然灾害发生的不确定性决定了应急物资需求的不确定性，导致对需求时间无法做出准确的预测；二是需求品种和数量的不确定性，不同自然灾害的差别巨大，决定了应急物资需求的品种和数量存在巨大差异；三是自然灾害的强度、发生地点和季节不同对应急物资的需求也不同，同时自然灾害往往会造成信息的高度缺失，除知道事件正在发生这一事实外，对灾害影响到的人群和范围、灾害的持续时间难以及时准确掌握，使得应急物流运作也具有不确定性。如2008年南方雪灾发生初期，政府对铁路、高速公路何时能够正常运营，滞留旅客的数量等都无法准确把握。虽然自然灾害都有其内在规律性，朝着什么方向发展不是随心所欲的，但是由于现阶段我们对于这种规律性的了解还有限，对许多灾害的发展趋势尚难以准确判断，并且在抗击灾害过程中所采取的措施又会对灾害的进一步发展产生影响，因此必须根据实际情况的变化不断调整应对方案。

4.弱经济性

应急物流承担的主要任务是在抗灾救灾过程人员、物资、装备的运送。在自然灾害面前，保障生命和财产安全始终是第一位的选择，而常规物流中经济效益原则和成本分析原则不再作为应急物流考虑的主要因素。甚至在某些情况下，为了最大可能挽救群众生命，需要不惜一切代价。这一特性，决定了应急物流网络的规划设计、应急物资库存控制、运输工具与配送方式的选择等，都要区别于普通物流组织工作，充分考虑科学冗余，以最短时间、最快速度运送最多人员、物资为主要目标，从而为最大限度地保障群众生命安全、减轻灾害损失奠定基础。

在物资储备方面，目前我国各储备库的储备物资以帐篷、棉被、毯子等基本生活物资为主，突出"以人为本，救人为急，灾民需求为最大"的原则。为了在灾害发生的第一时间实现物资的供给，民政部门要求受灾后24小时内要使灾民得到救助，完成储备物资从储备地到受灾地的运输，对于像帐篷、棉被等重型储备物资来说，通常需要从几百甚至上千公里的中央级救灾物资储备库运来，对救助工作是一个严重的考验。

目前，我国主要储备物资的性质参数如表7-1所示。

表7-1 我国主要储备物资的性质参数

救灾物资	帐 篷	棉 被	毯 子
重量/kg	35	6~8	0.5~0.6
占地面积/m^2	3×4	2×1.5	2×1.5

在突发公共卫生事件发生后，需要调用大量的救灾物资进行紧急救援，对于应急物资调度问题，需要考虑时间的紧迫性，时间效益远远高于经济效益，但是物资储备仓库的应急救援物资通常是有限的，无法从同一仓库及时有效地调配足够的物资到灾害发生地，结合灾害现场情况，在满足灾害发生地对物资数量及时限的要求下，尽可能地减少所消耗的物资以及运送物资所产生的费用。在大多数情况下，由于存在运输能力的限制，各应急物资储备仓库没有能力一次性地将其所储存的物资全部运出，在此运输能力是指应急物资储备仓库一次性所能运送的物资最大运输量。给出了一种限定时间内考虑有限运力的单物资调度的模型，以满足应急物资调度时间最短的目标，具体的模型如下：

设$A_1,A_2,\cdots,A_m$为m个物资储配仓库，P_i（$P_i>0$）为仓库A_i（$i=1,2,\cdots,m$）的应急物资储备量，S为灾害发生地，P为S地的应急物资需求量，且满足$\sum_{i=1}^{m}P_i \geq P$。设应急物资储备仓库A_i的运输能力为C_i，$i=1,2,\ldots,m$且至少存在某个i使得$C_i<P_i$。

设从物资储备仓库 A_i 到灾害发生地 S 所需要的时间为 t_i（$t_i>0$），$i=1,2,...,m$；T（$T>0$）为应急状态下给定的应急物资调度时间限制。目标是得出一个应急物资调度方案，使得在限定时间内满足运力约束的条件下达到应急物资调度时间最短的目标。

设 π 为任意选择应急物资储备仓库的调度方案，$A_1,A_2,...,A_m$ 为所选的应急物资储备仓库，$t'_1,t'_2,...,t'_k$ 为相应的考虑多次反复运送物资的应急调度时间（其中 t'_1 为 t'_1 的整数倍），则在时间 t'_1 内物资储备仓库 A_1 可运送的物资量为 $P_1=\frac{1}{2}\left\{\frac{t'_i}{t_i}+1\right\}$，$P_1,P_2,...,P_k$ 为相应的应急物资贮存量，$C_1,C_2,...,C_k$ 为相应的物资储备仓库的应急运输能力，其中 $1,2,\cdots,k$ 为 $1,2,\cdots,m$ 的一个子排列。记 $Z_1=\min\limits_{i=1,2,...,k}\{P_i,C_i\}$。由以上假设，则优化模型可构造如下：

$$\min T(\quad) = \min_{i=1,2,...,k} t'_i \qquad (7-1)$$

$$\text{s.t}\begin{cases}\frac{1}{2}\sum_{i=1}^{m}\left\{\frac{t'_i}{t_i}\right\}Z_i \geq P \\ t'_i \leq T \qquad (7-2)\end{cases}$$

此模型中目标仍然是一个满足约束条件的方案 *，若能使得 $T(\ ^*)=\min T(\Omega)$，则该方案 * 为最合适的物资调度方案。

 # 车辆调度技术

对于突发自然灾害救助应急资源调度系统的研究主要集中在两个方面：一方面，是突发自然灾害受灾程度的评价以及根据评价结果初步确定救助应急物资配送的需求量；另一方面，突发自然灾害救助应急物流配送网络拓扑结构以及救助物资配送车辆路径优化。

在我国，各种灾害的救助工作主要由各级政府的民政部门负责，一旦灾害发生会立即成立救灾指挥中心，指挥调动各种救灾物资以及救援人员。如果受灾范围很广，救灾物资需求点的数量很大，那么救灾指挥中心在很短时间内制订出合理的物资配送计划是一件非常困难的事情。救灾指挥中心要决定这些需要运输的救灾物资的数量、目的地、运输路线以及需要的车辆数。应急物资配送计划制订的同时也就是制订车辆调度计划，车辆调度包括所需要调动车辆的数量、行驶的路线。在一个给定的时间范围内，假设在该时间范围内最初各受灾地点对各种救灾物资的需求是已知或是可以估计的。在救灾行动进行中，车辆必须在一个给定的时间点之前把物资送到物资需求点完成他们的任务，完成任务后要返回到出发地，等待下一个任务。这种情况在各种自然灾害或突发事件发生时是很典型的情况。

物流配送车辆调度优化问题最早是由学者Dantzig和Ramser于1959年首次提出的，国外一般称之为Vehicle Routing Problem（简称VRP）和Vehicle Scheduling Problem（简称VsP）。一般以为，不考虑时间要求，仅根据空间位置安排线路时称为车辆线路安排问题VRP；考虑时间要求，安排线路时称为车辆调度问题VSP。对VRP与VSP，也有学者不区分两者，只是加上具体约束定语，例如，将有时间要求的车辆调度问题称为Vehicle Routing Problem with Time Windows等。由于大多数国外文献习惯采用VRP表述车辆调度问题，本书循例称之为VRP。物流配送车辆调度优化问题一般可定义为：对于一系列装货点和（或）卸货点，组织合适的行车线路，使载货车辆有序地通过它们，在满足一定的约束条件（如货物需求量、发送量、交发货时间、车辆容量限制、行驶里程限制、时间限制等）下，达到一定的目标（如路程最短，费用最少，使用车辆数量尽量少等）。

为简化车辆调度优化问题的求解，常常应用一些技术将问题分解或转化为一个或几个已经研究过的基本问题，再用相应比较成熟的基本理论和方法，以得到原车辆调度问题的最优解或满意解。常用的基本问题有：旅行商问题，分派问题、运输问题、背包问题、最短路问题、最小费用流问题、中国邮路问题等。常用的基本理论和方法有：分枝定界法、割平面法、线性规划法、动态规划法、匹配理论、对偶理论，组合理论、线搜索技术、列生成技术、概率分析、统计分析、最差情况分析、经验分析等。

一般来说，车辆调度问题可以构造成整数规划模型，也可以构造成图论及其他模型，这些模型之间存在着某种联系，但从建立模型时的出发点考虑，大多数模型都可以看成是下面两种模型的变形与组合；以车流为基础的模型、以物流为基础的模型。通常认为，派出一辆车的固定费用远高于车辆行驶费用，所以当前主流研究是以车流为基础的模型，在极小化车辆数的前提下，再极小化运行费用。

车辆调度是制定行车路线，使车辆在满足一定的约束条件下，有序地通过一系列装货点和卸货点，达到诸如路程最短、费用最小、耗时最少等目标。在车辆调度方面，我国用于进行救灾物资配送的车辆主要有两个来源：一是从军队征用，二是与商业物流公司签订长期协议，当灾害发生时，临时从这些企业调用车辆。从目前的车辆种类看来，我国用于应急物流救助配送的车辆主要包括：高栏车、箱式运输车、篷式运输车、冷藏车、半挂车、集装箱车等类型，各类车辆的载重吨已在表7-2中给出。

表7-2 救灾车辆性质参数

车辆类型	高栏车	箱式运输车	篷式运输车	冷藏车	半挂车	集装箱车
载重/吨	20—30	7—16	2—5	3—7	30—40	20—30

车辆指挥调度技术是为了更好地以科学手段解决车辆的安全管理问题。首先必须要依赖于一个覆盖灾区的移动通信网，使调度管理中心能瞬时与移动的车辆

建立联系，其次要依赖于定位系统，使调度管理中心能随时监控车辆的位置及安全情况，保证整个车队车辆正常运转。将GPS技术、3G/4G技术、GIS技术和网络技术相结合，对车辆进行实时定位，并能在指挥控制中心显示车辆的当前工作状态，进行实时指挥调度。

系统按照数据采集、数据通信、业务处理功能来划分，该系统主要分为以下3个部分。

（1）车载终端部分：包括GPS和北斗接收机及相应天线、3G/4G模块、控制单元、报警按钮等。负责接收和回报GPS定位信息、报警、求援等；

（2）无线通信链路：负责车载终端与监控中心间的数据传输，包括车辆定位/自动报警信息和监控中心控制指令等信息的传输。该部分主要为3G/4G，只要3G/4G可以覆盖的地方，该系统都可以稳定地运行；

（3）监控调度中心系统：监控中心是整个系统全程跟踪的"神经中枢"。

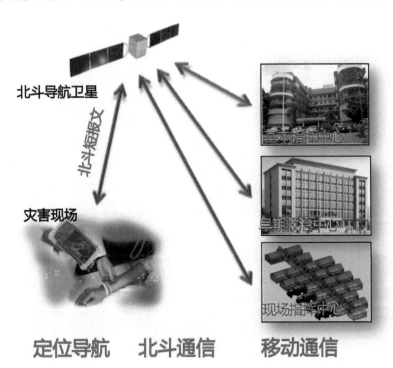

第8章

实现方案

功能描述

　　本书要实现的系统是一个用JSP技术实现的伤情评估与救援辅助系统。近年来，突发公共事件频发，威胁到了人类正常的生产和生活。本书的主要任务是调研灾害规模评估、伤情评估、救援决策的相关技术，以及数据采集、存储、处理的相关技术，设计特定灾情种类（地震、火灾、矿难等）的评估模型。在灾害发生之后，采用数据采集和存储技术获取各类灾情数据信息，通过数据处理技术分析获取的灾情基础数据，实现能生成伤情评估报告、应急救援预案，并支持预案自动分配至相关人员的伤情评估与救援决策系统。本书成果的使用对象为各级灾害救援队的决策管理人员。本书完善和提升国家应急医疗救助能力、推进灾害医学救援研究与实践发展、提升救援信息化技术自主创新能力，具有重要的社会、政治、军事效益。

数据库设计

根据系统功能设计的要求以及功能模块的划分，下面给出商品管理系统的各个组成部分的数据项和数据结构。

本系统的数据库名称为disaster，库中有app_user（app用户信息表）、debris_flow（泥石流灾害信息表）、earthquake（地震灾害信息表）、flood（洪涝灾害信息表）、groups（救援小组分组信息表）、log（登录日志信息表）、message（预案救援调度信息表）、plan（应急预案信息表）、pre_plan（预案方案信息表）、staff（工作人员信息表）、stock（物资信息表）、user（用户信息表）12个数据表，这些数据库表的字段分别如表8-1至表8-12所示。

根据系统需求，对App用户信息描述的条目要求如表8-1所示。除表8-1的要求外，系统可根据需要扩展其他字段。

表8-1　App用户信息（App_user表）的字段

字　段	类　型	空	默认	注　释
id	int（11）	否		
username	varchar（10）	否		用户名
password	varchar（20）	否		登录密码
role	varchar（10）	否		用户角色：1.普通用户，2.专家，3.管理员

注：App用户信息的主键为id。此表用来存储App用户传输过来的信息。此表用于用户手机客户端的登录验证。

根据系统需求,对泥石流灾害描述的条目要求如表8-2所示。除表8-2的要求外,系统可根据需要扩展其他字段。

表8-2 泥石流灾害信息(debris_flow)的字段

字　段	类　型	空	默　认	注　　释
name	varchar (100)	否		灾害名称
type	varchar (256)	否		类型,例如滑坡、崩塌、泥石流等
date	date	否		发生时间
place	varchar (100)	否		发生地点
casualties	int (11)	否	0	人员伤亡
incentive	varchar (256)	是	NULL	诱因
remark	varchar (256)	是	NULL	备注
latitude	varchar (255)	是	NULL	经纬度
rainfall	varchar (255)	否		降雨量
density	varchar (255)	是	NULL	人口密度

注:debris_flow的主键为name。

根据系统需求,对地震灾害描述的条目要求如表8-3所示。除表8-3的要求外,系统可根据需要扩展其他字段。

表8-3 地震灾害信息（earthquake表）的字段

字　段	类　型	空	默　认	注　释
name	varchar（100）	否		名字
date	datetime	否		发生时间
magnitude	float	否		震级
detailplace	varchar（256）	否		发生地点
casualties	int（11）	否		人员伤亡
province	varchar（256）	否		隶属省份
remark	varchar（256）	是	NULL	备注
latitude	varchar（255）	是	NULL	经纬度
depth	varchar（255）	是	NULL	震深
intensity	varchar（255）	是	NULL	烈度
scope	varchar（255）	是	NULL	波及范围
density	varchar（255）	是	NULL	人口密度
aseismic_ability	varchar（255）	是	NULL	房屋抗震能力
aftershocks	varchar（255）	是	NULL	余震情况

注：Earthquake的主键为name。

根据系统需求，对洪涝灾害描述的条目要求如表8-4所示。除表8-4的要求外，系统可根据需要扩展其他字段。

表8-4 洪涝灾害信息（flood表）的字段

字　段	类　型	空	默　认	注　释
name	varchar（255）	否		名称
time	varchar（255）	否		持续时间
location	varchar（255）	否		地点
rainfall	varchar（255）	是	NULL	降雨量
area	varchar（255）	是	NULL	洪涝面积
death_number	int（255）	否		死亡人数
miss_number	int（255）	是	NULL	失踪人数
density	varchar（255）	是	NULL	人口密度
damagecondition	varchar（255）	是	NULL	易受损性
remark	varchar（255）	是	NULL	备注
deathcause	varchar（255）	是	NULL	死亡原因

注：Flood的主键为name。

根据系统需求，对救援小组分组描述的条目要求如表8-5所示。除表8-5的要求外，系统可根据需要扩展其他字段。

表8-5 救援小组分组信息（groups表）的字段

字 段	类 型	空	默 认	注 释
name	varchar (255)	否		人员所在分组
role	varchar (255)	否		人员职责

注：Groups的主键为name。

根据系统需求，对登录日志信息描述的条目要求如表8-6所示。除表8-6的要求外，系统可根据需要扩展其他字段。

表8-6 登录日志信息表的字段

字 段	类 型	空	默 认	注 释
id	int (11)	否		
UserName	varchar (255)	否		用户名
Date	datetime	否		时间
Process	varchar (255)	是	NULL	日志内容
Remark	varchar (255)	是	NULL	备注

注：Groups表的主键为id。

根据系统需求，对预案救援调度信息描述的条目要求如表8-7所示。除表8-7的要求外，系统可根据需要扩展其他字段。

表8-7 预案救援调度信息（message表）的字段

字 段	类 型	空	默 认	注 释
id	int (11)	否		
message_id	int (11)	否		
title	varchar (20)	否		
content	varchar (60)	否		

字　段	类　型	空	默　认	注　释
receiver	varchar (20)	否		
status	int (11)	否		
time	timestamp	否	CURRENT_ TIMESTAMP	

注：Message表的主键为id。

根据系统需求，对应急预案信息描述的条目要求如表8-8所示。除表8-8的要求外，系统可根据需要扩展其他字段。

表8-8　应急预案信息（plan表）的字段

字　段	类　型	空	默　认	注　释
name	varchar (10)	否		名称
gener_time	date	否		生成时间
dis_information	varchar (255)	否		灾害详情
pre_casualties	int (255)	否		预测伤亡人数
person_dispatch	varchar (2550)	否		人员调度
material_dispatch	varchar (2550)	否		物资调度
remark	varchar (255)	是	NULL	备注
state	varchar (10)	否		状态
reviewer	varchar (255)	否		审核人
injury_type	varchar (255)	是	NULL	伤病类型

注：Plan表的主键为name。

根据系统需求，对预案方案信息描述的条目要求如表8-9所示。除表8-9的要求外，系统可根据需要扩展其他字段。

表8-9　预案方案信息（pre_plan表）的字段

字　段	类　型	空	默　认	注　释
number	int (255)	否		编号
modifytime	date	否		修改时间
person_dispatch	varchar (255)	否		人员调度

续表

字 段	类 型	空	默 认	注 释
material_dispatch	varchar (255)	否		物资调度
maxscope	int (255)	否		最大范围
minscope	int (255)	否		最小范围
injury_type	varchar (255)	否		伤病预测

注：Pre_plan表的主键为number。

根据系统需求，对工作人员信息描述的条目要求如表8–10所示。除表8–10的要求外，系统可根据需要扩展其他字段。

表8–10 工作人员信息（staff表）的字段

字 段	类 型	空	默 认	注 释
DEPT_CODE	char (8)	否		科室代码：工作人员所在科室
NAME	char (8)	否		工作人员姓名
INPUT_CODE	char (8)	否		姓名输入码
EMP_NO	char (6)	否		人员编号
JOB	char (8)	否		工作类别：医生、护士、技术员等
TITLE	char (10)	否		工作人员的职称，如主任医师、主治医师等
USER_NAME	char (16)	是	NULL	如果是本系统用户，则为用户名，否则为空
RES_GROUP	char (255)	否		所在分组

注：Staff表的主键为DEPT_CODE。

根据系统需求，对物资信息描述的条目要求如表8–11所示。除表8–11的要求外，系统可根据需要扩展其他字段。

表8-11 物资信息（stock）表的字段

字　段	类　型	空	默　认	注　释
DOCUS	char（12）	否		入库号：由日处理流水账表定义的入库号
DETAIL	int（2）	否		序号
CONTRACT_NO	char（15）	是	NULL	合同号
CONTRACT_NO_DETAIL	char（2）	是	NULL	合同细目号
EQUIP_NO	int（6）	否		设备代码
EQUIP_NAME	char（30）	否		设备品名
PHONETIC_CODING	char（6）	否		拼音
STAND	char（12）	是	NULL	规格
TYPE	char（12）	是	NULL	型号
EQUIP_NUM	int（3）	是	NULL	库存数量：入库时取自3.3.6日处理流水账表中（数量）字段；出库时＝库存数量−出库数量
OUT_NUM	int（3）	是	NULL	已出库数量
THIS_OUT_NUM	int（3）	是	NULL	本次出库数量
AMOU	int（10）	是	NULL	金额
MANU_FIRM_NO	char（4）	是	NULL	制造厂商编号
COUNTRY_NO	char（2）	是	NULL	厂商国别编号
FUND_SOURCE	int（2）	是	NULL	经费来源
UNIT_PRICE	int（9）	是	NULL	单价
LOAN_DEADLINE	int（3）	是	NULL	贷（借）款期限
LOAN_INTEREST_RATE	int（5）	是	NULL	贷（借）款利率
APPR_AMOU	int（9）	是	NULL	下拨金额
APPR_AMOU_CURR_SYS	char（2）	是	NULL	下拨金额币制
APPR_AMOU_EXCH_RAT	int（6）	是	NULL	下拨金额汇率

续表

字 段	类 型	空	默 认	注 释
RAISE_SELF_AMOU	int (9)	是	NULL	自筹金额
RAISE_SELF_AMOU_CURR_SYS	char (2)	是	NULL	自筹金额币制
RAISE_SELF_AMOU_EXCH_RATE	int (6)	是	NULL	自筹金额汇率
HANDLE_DATE	date	是	NULL	日期
ACCE_NO	int (2)	是	NULL	附件编号
UNDERTAKE_PERSON	char (8)	是	NULL	承办人
ACCEPT_PERSON	char (8)	是	NULL	接收人
AGENT_NO	char (8)	是	NULL	代理商编号
STOCK_MARK	char (1)	是	NULL	库存标识： =2 为退库设备

根据系统需求，对系统用户信息描述的条目要求如表8-12所示。除表8-12的要求外，系统可根据需要扩展其他字段。

表8-12 系统用户信息（user表）的字段

字 段	类 型	空	默 认	注 释
name	varchar (255)	否		最少支持160个字符
password	varchar (255)	否		最少支持256个字符
type	int (30)	否	1	普通用户1专家2管理员3

实现机制

1. JSP概述

JSP（Java Server Pages）技术为创建显示动态生成内容的Web页面提供了一个简捷而快速的方法。JSP技术的设计目的是使得构造基于Web的应用程序更加容易和快捷，而这些应用程序能够与各种Web服务器、应用服务器、浏览器和开发工具共同工作。JSP技术具有以下特点：①强调可重用的组件；②采用标记简化页面开发。

JSP页面有JSP引擎执行，引擎安装在Web服务器或者使用JSP的应用服务器上。JSP引擎接受客户端对JSP页面的请求，并且声称JSP页面给客户端的响应。JSP页面通常被编译成为Java Servlet。它由一个标准的Java扩展而来，用于处理客户端通过浏览器发来的请求。当JSP页面第一次被调用时，会被编译成一个Java Servlet类，并且存储在服务器的内存中，这使在接下来对该页面的调用有非常快的响应。

使用JSP页面，开发人员能够访问全部的Java应用环境，以利用Java技术的扩展性和可移植性。JSP页面可以包含在多种不同的应用体系结构或者模型中。JSP页面可以用于由不同协议、组件和格式所组成的联合体中。

JSP类似于HTML文件，但提供了在Web页面中创建动态内容的能力。JSP

技术可用于与设计静态HTML页面分开，以开发动态Web页面。这种分开可以改变页面设计而无须改变页面底层的动态内容，这在开发过程的生命周期中是非常有用的，因为Web页面的开发者不必知道怎样创建动态内容，而只需要知道将动态内容置于页面的什么位置即可。

为了比较容易地嵌入动态内容，JSP使用了许多标记，使得页面设计者能够在JSP文件中插入脚本语言元素和许多Java Bean对象属性。使用JSP技术比其他的创建动态内容的方法优越之处在于：JSP被广泛地支持，因而不必局限于某个特定的平台，并且JSP能够充分利用Servlet和Java技术来实现其动态部分，而无须使用不熟悉或功能不强的专用语言。

除了常规的HTML，有3种主要类型的JSP结构可以嵌入到一个页面中——脚本语言元素、命令语言和动作语言。脚本语言元素能够说明构成Servlet的一部分结果的Java代码：命令语言能够控制Servlet的总体结构；动作语言能够说明现有应该使用的并且能够控制JSP引擎行为的构件。

通过应用服务器，JSP将其HTML标记、JSP标记和脚本程序转换成Servlet，使得JSP是可操作的。该过程负责将JSP文件中生命的动态和静态元素转换成为Java的Servlet代码，这些代码将转换了的内容通过Web服务器输出流传送到浏览器。由于JSP是服务器端的技术，所以页面的动态合元素的处理都在服务器端进行。一个拥有JSP/Servletde Web站点常常被看作是瘦客户，因为绝大部分业务逻辑都是在服务器端完成的。

下面将描述第一次调用JSP文件，或者开发者改变基本的JSP文件时，在JSP文件上要完成的任务：

Web浏览器像JSP页面发出一个请求。

JSP引擎分析JSP文件的内容。

JSP引擎根据JSP的内容，创建临时Servlet源代码，所产生的Servlet负责生成在设计时说明的JSP页面的静态元素，以及创建页面的动态元素。

Servlet的源代码由Java编译器编译为Servlet类文件。

实例化Servlet，调用Servlet的init和service方法并执行Servlet逻辑。

静态HTML和图形的组合，再与原来的JSP页面定义中说明的动态元素结合在一起，通过Servlet的响应对象的输出流传送到浏览器。

后续的JSP文件的调用，将简单地调用有上诉过程创建的Servlet的service（）方法，并将服务的内容显示在Web浏览器上。Servlet作为上述过程产生的结果一直提供服务，直到应用服务器停止，或者Servlet被手工卸载，再或者是基础文件的改变而引发重新编译。

2. JSP脚本语言元素

JSP语言元素能偶插入代码到Servlet中，该Servlet将由JSP页面产生，其形式有3种：

表达式：<%=expression%>

这些表达式将被求值并插入到Servlet的输出中。

脚本件：<%code%>

这些脚本程序将被插入到服务所调用的Servlet的_jspService方法中，该方法被服务程序调用中。

声明：<%!code%>

这些声明将被插入到服务所调用的Servlet类的类体中，并处于任何现有的方法之外。

（1）JSP表达式

一个JSP表达式用于将某些值直接插入到输出中，它具有如下形式：

<%= Any Java Expression %>

该表达式被求值后在转换成String字符串对象，汇入到输出流中，并且插入

到浏览器的页面中。当该页面被请求时，求值在运行时完成。

有代表性的是，JSP表达式用于执行和显示在JSP的声明部分，属于声明的变量和方法，或由JSP页面访问JavaBean得到的字符串。如果转换表达式失败，则ClassCastException异常，在请求时被抛出。

例如，当HTML页面被请求时，下面的表达式显示了当前日期：

Current Date：<%= new java, util.Data（）%>

如果在MyClass类中声明了myMethod（）方法，就可以使用如下表达式：

<%= myClassInstance.myMethod（）%>

我们还可以按如下方式，用预定义可变请求对象来简化一个表达式：

<%= request.getProtocol（）%>

也可以将XML表达式元素作为JSP表达式的可选语法形式：

<jsp：expression>

Any Java Expression

</jsp：expression>

（2）JSP脚本件

除了可以把简单的JSP表达式插入到JSP页面，JSP还支持使用脚本件来插入任意的Java代码到JSP页面中去完成多种任务。脚本件具有如下形式：

<% Any Java Code %>

脚本件也可用于使部分JSP文件有条件地包含标准HTML和JSP结构，而且任何在脚本件之前或之后的静态HTML语句都被转换成print语句。

与HTML中form等价的XML是：

<jsp：scriptlet>

Any Java Code

</jsp：scriptlet>

（3）JSP声明

一个JSP声明具有如下形式：

> <%! Java Code %>

一个JSP声明能够定义方法和域，并插入到Servlet类的main程序体中吗，声明并不产生任何的输出，而是通常用于与JSP表达式或脚本件相连接。

JSP命令

在JSP中有两种类型的命令——page和include。JSP规范1.1版中介绍了第三种命令taglib，它可以用于自定义注明标记。JSP命令影响由JSP页面产生的Servlet的总体结构。

命令的语法如下：

> <%@ directive attribute1="value1"
>
>   Attribute2="value2"
>
>   …
>
>   attributeN="valueN"
>
> %>

JSP page命令

page命令定义了依赖于JSP引擎的页面属性，它可以通过装载来控制Servlet的结构、设置内容的类型、定制Servlet的超类、设置session和缓存属性等。一个page命令可以置于文档中的任何地方。

> <%@ page contentType="text/plain"
>
>   Language="java"
>
>   Buffer="none"
>
>   isthreadSafe="yes"
>
>   errorPage="/error.jsp" %>

page命令定义了10个要区分大小写的属性，其解释如下。

1）装载属性

用途：说明由Servlet装载进来的包应到哪一个JSP页面进行转换。

语法形式：<%@ page import="package.class"%>

    <%@ page import="package.class1，…，classN"%>

实例：<%@ page import ="java.util.*"%>

   <%@ page import ="java.util.*，myclass.*"%>

注意：import属性是唯一的允许在同一个文档中出现多次的page属性。

2）内容类型属性

用途：设置ContentType应答标题，标明发送各客户文档的MIME类型。

语法形式：<%@ page contentType="MIME-TYPE"%>

    <%@ page contentType="MIME-TYPE; charset=Character-Set"%>

实例：<%@ page contentType="text/plain charseet=ISO-8859-1"%>

   <%@ page contentType="application/vnd.ms-excel"%>

注意：不同于正常Servlet默认的MIME类型为text/plain，JSP页面默认的MIME类型是具有默认的ISO-8859-1字符集的text/html类型。

3）扩展属性

用途：指明为JSP页面生成的Servlet的超类。

语法形式：<%@ page extends="package.class"%>

举例：<%@ page extends="mypackage.myclass"%>

注意：由于服务器已经使用一个自定义的超类，所以使用该属性要特别小心。

4）语言属性

用途：说明所使用的底层程序设计语言。

语法形式：<%@ page language="java"%>

举例：<%@ page language="cobol"%>

注意：Java是当前默认的，并且是唯一合适的选择。

5）会话属性

用途：控制一个页面是否参加HTTP sessions

语法形式：<%@ page session="true"%>

　　　　　<%@ page session="false"%>

注意：一个true值用于指明如果有一个session存在，预定义的可变session应与现有的session绑定在一起；否则应该产生一个新的session绑定该session。

一个false值意味着没有session可被自动使用，如果视图访问可变session，将导致在JSP页面转换成Servlet时出现错误。

6）线程安全属性

用途：控制来自JSP页面的Servlet是否实现SingleThreadModel接口。

语法形式：<%@ page isThreadSafe="true" %>

　　　　　<%@ page isThreadSafe="false" %>

举例：<%@ page contentType="text/plain charset=ISO-8859-1" %>

IsThreadSafe="false"表明运行该代码的线程不是安全线程，因而得到的结果Servlet应实现SingleThreadModel接口。

如果Servlet实现SingleThreadModel接口，系统保证不会发生同时访问同一个Servlet对象。为保证这一点，系统可以通过将所有的请求排队然后将它们传给同一个Servlet对象，或者创建一个Servlet对象池，每个Servlet对象一次处理一个请求。

7）缓存属性

用途：说明out变量所使用的buffer的大小，该out变量的类型是JspWriter。

语法形式：<%@ page buffer=" sizekb" %>

              <%@ page buffer=" none" %>

实例：<%@ page buffer=" 64kb" %>

注意：服务器可以使用比我们说明更大的缓存，但不能更小。

默认的缓存大小是根据服务器指定的，但不会少于8kB。

关闭缓存时要小心，这项工作需要设置标题和状态码的JSP入口出现在文件的头部，并且是在任何HTML的内容之前。

8）自动清除属性

用途：控制当输出缓存溢出是否自动清除或这个缓存溢出后是否引发一个异常。

语法形式：<%@ page autoflush=" true" %>

              <%@ page autoflush=" false" %>

注意：Autoflush=" true" 为默认值。当使用了buffer=" none"，则使用Autoflush=" false"是非法的。

9）出错页属性

用途：说明一个JSP页面，它应该处理任何异常的抛出，但并不在当前页中捕获。

语法形式：<%@ page errorPage=" Relative URL" %>

举例：<%@ page errorPage=" Error.jsp" %>

注意：异常的抛出可以通过exception变量自动用于设计好了的出错处理页面。

10）信息属性

用途：定义一个串，通过getServletInfo方法从Servlet检索到该字符串。

语法形式：<%@ page info=" some message" %>

JSP include命令

在一个JSP页面中，从另一个资源装载内容有以下几种限制：

Include命令

JSP：include元素

JSP：plugin元素

Include命令

Include命令是在一个JSP页面转换成Servlet类时处理的，该命令的作用是将另一个文件的文本插入到当前JSP页面，该文本可以是静态内容（如HTML），或者是另一个JSP页面。我们经常使用include命令装载游标、标题内容、版本信息或者是任何需要在多个页面中重复使用的内容。

Include命令语法为：

<%@ include file=" filename" %>

JSP：include元素

前面讲到的机制是非常有用的。但是，由于不管什么时候被载入的included文件发生改变，都需要改变包含给文件的那个页面，所以使用起来不是很方便。JSP：include操作可以在发生请求时装载文件，但被装载的文件发生改变时并不需要修改主文件。

当JSP页面被执行时，JSP：include元素被处理。Include操作允许在JSP文件中装载静态HTML或动态文件。装载静态或动态的结果是完全不同的，如果该文件是静态的，其内容被插入到调用的那个JSP文件中。如果该文件是动态的，则请求就被发送到要装载的JSP页面，页面将被执行，于是执行的结果被包含在调用的那个JSP文件的应答中。

JSP：include元素的语法形式为：

<jsp：include page=" filename" flush=" true" />

JSP：include元素有两个必须的属性，page是将要装载的文件名，flush必须设置为true。

Jsp：plugin元素

Jsp：plugin元素用于将使用Java Plug-in的applets插入到JSP页面中。该元素产生HTML，它包含适当的依赖客户浏览器的结构<object>或<embed>。如果需要，它将下载Java Plug-in软件和客户端软件，然后引发客户端构件的执行。

Ajax

1. 简介

AJAX即Asynchronous Javascript and XML（异步JavaScript和XML），是指一种创建交互式网页应用的网页开发技术。通过在后台与服务器进行少量数据交换，AJAX可以使网页实现异步更新。这意味着可以在不重新加载整个网页的情况下，对网页的某部分进行更新。

2. 应用优势

AJAX不是一种新的编程语言，而是一种用于创建更好更快以及交互性更强的Web应用程序的技术。

使用Javascript向服务器提出请求并处理响应而不阻塞用户，核心对象XMLHTTPRequest。通过这个对象，您的 JavaScript 可在不重载页面的情况与Web服务器交换数据。

AJAX 在浏览器与 Web 服务器之间使用异步数据传输（HTTP 请求），这样就可使网页从服务器请求少量的信息，而不是整个页面。

AJAX 可使因特网应用程序更小、更快，更友好。

AJAX 应用程序独立于浏览器和平台。

通过 AJAX，因特网应用程序可以变得更完善，更友好。

具体开发模式如下：

许多重要的技术和AJAX开发模式可以从现有的知识中获取。例如，在一个发送请求到服务端的应用中，必须包含请求顺序、优先级、超时响应、错误处理及回调，其中许多元素已经在Web服务器中包含了。同时，随着技术的成熟还会有许多地方需要改进，特别是UI部分的易用性。

AJAX开发与传统的C/S开发有很大的不同。这些不同是因为引入了新的编程问题，最大的问题在于易用性。由于AJAX依赖浏览器的JavaScript和XML，浏览器的兼容性和支持的标准也变得和JavaScript的运行时性能一样重要了。这些问题中的大部分来源于浏览器、服务器和技术的组合，因此必须理解如何才能最好地使用这些技术。

综合各种变化的技术和强耦合的客户端环境，AJAX提出了一种新的开发方式。AJAX开发人员必须理解传统的MVC架构，这限制了应用层次之间的边界。同时，开发人员还需要考虑C/S环境的外部和使用AJAX技术来重定型MVC边界。最重要的是，AJAX开发人员必须禁止以页面集合的方式来考虑Web应用，而需要将其认为是单个页面。一旦UI设计与服务架构之间的范围被严格区分开后，开发人员就需要更新和变化技术集合了。

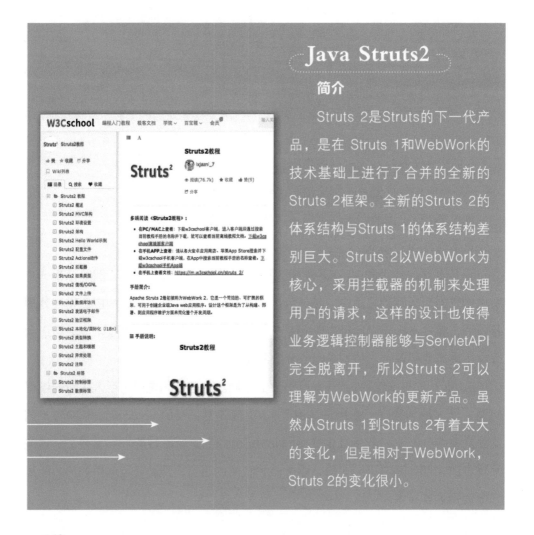

Java Struts2

简介

Struts 2是Struts的下一代产品，是在 Struts 1和WebWork的技术基础上进行了合并的全新的Struts 2框架。全新的Struts 2的体系结构与Struts 1的体系结构差别巨大。Struts 2以WebWork为核心，采用拦截器的机制来处理用户的请求，这样的设计也使得业务逻辑控制器能够与ServletAPI完全脱离开，所以Struts 2可以理解为WebWork的更新产品。虽然从Struts 1到Struts 2有着太大的变化，但是相对于WebWork，Struts 2的变化很小。

1. 简介

JDBC（Java DataBase Connectivity）是Java与许多数据库实现数据库连接的工业标准，为基于SQL数据库访问提供调用级应用编程接口。与当前存在的多种数据库访问技术相比，JDBC具有平台无关性和数据库访问一致性两大优点。JDBC与ODBC结构相似，同属于SQL调用级的接口，其核心在于执行基本的SQL命令并取回结果。JDBC接口分为以下两个层次：①面向程序开发人员JDBC API；②底层的JDBC Driver API。

前者是开发人员用来编写前端应用程序的，后者由数据库厂商开发。无论访问什么数据库，提供给用户的应用程序接口JDBC API都是一样的，用户可以使用标准的SQL查询语句进行查询，而不用考虑数据库之间的差别。这些查询语句经驱动程序管理器处理，变成适应于某一种数据库的查询语言，然后向下传递给相应的驱动程序，再由驱动程序与数据库管理系统进行通信，实现数据库的读取和操作。

JDBC是用于执行SQL语句的Java应用程序接口，由一组Java语言编写的类与接口组成，在JSP中也可以使用JDBC来访问数据库。JDBC是一种规范，它让各数据库厂商为Java程序员提供标准的数据库访问类和接口，这样就使独立于DBMS的Java应用程序的开发工具和产品成为可能。

JDBC API对于基本的SQL抽象和概念是一种自然的Java接口。它建立于ODBC上，因此，熟悉ODBC的程序员将发现JDBC很容易使用。JDBC保留了ODBC的基本设计特征。事实上，两种接口都基于X/Open SQL CLI（调用级接口）。它们之间最大的区别是：JDBC以Java风格与优点为基础并进行优化，因此更加易于使用。

JDBC-ODBC桥加ODBC驱动程序：JavaSoft的JDBC-ODBC桥产品利用

ODBC驱动程序提供JDBC访问。一般的Java开发工具都带有JDBC-ODBC桥驱动程序。这样一来，只要是能够使用ODBC访问的数据库系统，也能够使用JDBC访问了。

2. JDBC驱动程序

（1）JavaSoft将JDBC驱动程序分为4类

1）JDBC-ODBC桥接于ODBC驱动程序（JDBC-ODBC bridgedriver）

通过ODBC驱动程序来提供JDBC对数据库的存取。JDK1.3中已包含该驱动程序。

2）本机应用编程接口部分Java驱动程序（native-API partly-Javadriver）

此类驱动程序把JDBC调用转换为基于客户机应用编程接口的调用。

3）直接连接数据库的纯Java驱动程序

此类驱动程序将JDBC调用转换为DBMS直接使用的网络协议，允许从客户机直接调用DBMS服务。这一类驱动程序通常由数据库厂商自己开发。关于最新驱动程序列表，可查询网站：http://industry.java.sun.com/products/jdbc/drivers，也可以到相应的数据库厂商站点查询。

4）连接数据库中间件的纯Java驱动程序

此类驱动程序将JDBC调用转换成为中间件供应商的协议，然后通过中间件服务器将该协议转换为DBMS协议。中间件可以将Java客户连接到不同的数据库上。

（2）本书所用JDBC驱动程序

由于本书采用SQL数据库，故采用第一类JDBC驱动程序JDBC-ODBC桥。该driver名为sun.jdbc.odbc.JdbcOdbcDriver，url为jdbc：odbc：数据库名。

（3）JDBC API的使用方法

JDBC API所有的类和接口都集中在java.sql和javax.sql这两个包中。java.sql包中包含的类和接口采用的是传统的C/S体系结构。其功能主要针对的是基本数据库编程服务，如生成链接、执行语句，以及准备语句和运行批处理查询，也有一些其他的高级功能。

MySQL

MySQL 是一个关系型数据库管理系统，由瑞典MySQL AB公司开发，目前属于Oracle公司。MySQL是最流行的关系型数据库管理系统，在Web应用方面MySQL是最好的RDBMS（Relational Database Management System：关系数据库管理系统）应用软件之一。MySQL是一种关联数据库管理系统，关联数据库将数据保存在不同的表中，而不是将所有数据放在一个大仓库内，这样就增加了速度并提高了灵活性。MySQL所使用的SQL语言是用于访问数据库的最常用标准化语言。MySQL软件采用了双授权政策（本词条"授权政策"），它分为社区版和商业版，由于其体积小、速度快、总体拥有成本低，尤其是开放源码这一特点，一般中小型网站的开发都选择MySQL作为网站数据库。由于其社区版的性能卓越，搭配PHP和Apache可组成良好的开发环境。

系统特性如下：

使用C和C++编写，并使用了多种编译器进行测试，保证源代码的可移植性；

支持AIX、FreeBSD、HP–UX、Linux、Mac OS等操作系统；

支持多线程，充分利用CPU资源；

优化的SOL查询算法，有效地提高查询速度；

既能够作为一个单独的应用程序应用在客户端服务器网络环境中，也能够作为一个库而嵌入其他的软件中。

提供TCP/IP、ODBC和JDBC等多种数据库连接途径。

应用服务器tomcat

1. 简介

Tomcat是jakarta书中的一个重要子书，被JavaWorld杂志的编辑选为2001年度最具创新的Java产品（Most Innovative Java Product），同时它又是Sun公司官方推荐的Servlet和jsp容器（具体可以见http：//java.sun.com/products/jsp/tomcat/），servlet和jsp的最新规范都可以在tomcat的新版本中得到体现。因此，这个小型的应用服务器越来越多地受到软件公司和开发人员的喜爱。

2. 安装

Tomcat最新版本是5.0.16，该版本用了一个新的Servlet容器——Catalina，完整地实现了Servlet2.3和jsp1.2。注意，安装之前该系统必须安装jdk1.2以上版本。

我们可以从tomcat的网站或其镜像站点下载jakarta-tomcat-5.0.16.exe，按照一般的Windows程序安装步骤安装tomcat，安装时它会自动寻找所在机器上已安装的jdk和jre的位置。

3. 运行

进行必要的设置后，先将Web应用程序拷贝到tomcat的webapps目录上，

然后即可运行tomcat服务器。要运行时进入tomcat的bin目录，用startup启动tomcat，相应的关闭命令为shutdown。

启动后可以在浏览器中输入http：//localhost：8080/，再在其后加上要运行的Web应用服务器目录名，此时就可以运行我们的网站了。

系统框架

本书的主要模块

在本书的实现中，共有三个子系统：普通用户管理子系统、专家用户管理子系统和管理员管理子系统。

本书实现中的JavaBean

在伤情评估与救援决策辅助系统的实现过程中，用到两个JavaBean，位于WEB-INF/classes/web中，分别是：

Conn.class——通过JavaBeans封装数据库的连接。

CharConvert.class——封装字符转换的Javabean，通过这个JavaBean可以解决字符转换问题，避免显示中出现乱码。

本系统的文件结构

本网站的主要文件结构如下：

文件夹action——包含专家预案审核、人员管理、预案管理等jsp文件。

文件夹Dbconnection——包含连接数据库的jsp文件。

文件夹Bean——包含系统的JavaBean文件。

文件夹export——包含系统的export.java文件。

文件夹importDB——包含系统数据库。

文件夹model——包含系统各种灾害模型文件。

文件夹tool——包含系统数据转换的jsp文件。

文件夹weibo——包含微博功能的jsp文件。

Index.jsp——显示系统的主页面。

DisasterMannage.jsp——显示灾害管理的页面。

Person_Dispatch.——显示人员调度的页面。

PrePlan.jsp——显示预案管理的页面。

StaffManage.jsp——显示人员管理的页面。

StaffDelete.jsp——实现人员删除的功能。

StaffShow.jsp——实现人员展示的功能。

UserDelete.jsp——实现用户删除的功能。

UserManage.jsp——实现用户管理的功能。

UserShow.jsp——实现用户展示的功能。

Weibo.jsp——实现微博的功能。

工作流程

在登录系统模块中，用户在登录界面中输入用户名和密码后，系统将回到数据库中进行验证，如果验证通过，将进入系统；失败的话，则需重新登录，否则必须现在注册系统中进行注册，然后再登录。成功登录后，不同权限的用户可以进行不同的操作。

　　用户登录伤情评估与救援决策辅助系统后，首先要判断是哪类用户：普通用户、专家用户或者管理员用户；如果是普通用户，他可以对灾害事件管理模块、灾情展示模块、地理信息模块、灾情评估模块进行操作；如果他是专家用户，他可以对专家预案审核模块、人员调度模块、灾害事件管理模块、灾情展示模块、地理信息模块、灾情评估模块进行操作；如果他是管理员用户，他可以对所有的模块进行操作，例如专家预案审核模块、人员调度模块、用户管理模块等。

　　在灾害事件管理系统模块中，用户可以对灾害事件进行查询和统计，系统将以柱状图的形式展现给用户，同时用户还可以搜索特定的灾害事件。

　　在专家预案审核系统模块中，专家可以查看应急预案列表、填写应急预案审核表、并查看预案统计分析。

　　在人员调度系统模块中，登录的用户可以查看已审核预案列表，可以进行人员调度，可以查看人员信息统计，可以查看调度进度，可以查看人员构成。

　　在灾情展示系统模块中，登录的用户可以查看灾害发生的地区，系统将在地图上显示灾害发生的地点。

　　灾情展示系统模块又分为地震带分布信息模块、人口分布信息模块、地震带上的人口分布模块、详细信息模块。

　　地震带分布信息系统模块向用户展示我国的地震带分布信息情况。

　　人口分布信息系统模块向用户展示我国人口分布的特点及社会原因和自然原因。

　　地震带上的人口分布模块通过彩色图展示地震带上的人口密度。

　　详细信息系统模块详细展示了某一次灾害的具体灾情。

　　地理信息模块向用户展示周围的地形、天气，以及通过什么交通方式可以快速地到达。

　　灾情评估模块通过计算人口密度和灾情程度计算灾情造成的伤亡数。

第9章

紧急事件人员调度终端

 功能简介

　　当紧急事件发生时，身处远地的救助专业队必须经过及时的通信系统将各个专业的救助人员从分散的工作生活环境中紧急集合起来。而且当救助人员深入灾害发生地进行现场救助时，当地环境可能复杂，容易发生一些紧急突发的小情况，因此如果仅仅使用电话通信和短信通知去管理人数众多的救助团队的各个成员，无法起到效率和作用。因此，紧急事件人员调度终端以及其后台通信系统对整个智慧救援的伤情评估与救援决策辅助系统的意义而言是非常重要的，它将救援管理层与救助团队成员紧密联系起来。使救助更加有效和具有全局观。

　　本紧急事件人员调度终端具有如下主要功能：可以安装在各个救助人员的各类手机上，并且保证系统的运行稳定和健壮可靠；具有不同人员级别的登录机制与权限；可以及时收到来自管理层的救助通知与紧急事件的命令，并对命令做出肯定与否定的反馈，并附加简短的备注说明；可以查询此次任务的同组人员名单，指挥组可以查看全局人员的名单；对收到的通知进行合理的手机本地保存与收藏，以及当手机发生非正常故障时可以采用在线查询历史通知记录；具有在线GPS以及网络精准定位并自动和手动查询当地的天气预报情况；可以在线修改密码；具有一定的可扩展性；比如附加功能地图显示信息，以方便在陌生环境的任务执行。

基于百度云推送的接收推送功能

1.基于百度云推送的推送功能

基于百度云推送平台的远程紧急通知接收推送功能。控制中心可以将一些紧急的通知远程推送到特定用户的移动端。用户点击通知后，通知友好地展现在应用程序上，至少包含此条通知的时间，通知的标题，通知的内容。

推送的消息可以自动保存到手机本地的存储器上，这样应用程序结束后重启动也能看到之前的通知。推送消息随着时间的积累变的很多的时候，可以清空之前推送的消息。

凭借Android的后台服务机制，即使当此应用程序进程被强制杀死后，仍然能正常收到推送消息。并且程序的服务进程拥有开机自启动功能。当网络不通畅的时候，服务器端缓存通知72小时以上，保证移动终端都能可靠地收到推送消息，如图9-1推送消息图所示。

图9.1 推送消息图

2.对收到的推送进行各种反馈

当收到推送后，用户查看后，可以对服务器端进行消息的反馈。可以确认消息以表示用户当前可以按时完成任务。也可以进行消极的反馈，并简要叙说自己无法按时完成任务的缘由，让服务器控制端能及时了解到各个用户人员的动态。并且反馈过后，将用户反馈的类型保存下来。供用户随时查看自己反馈的信息。并且由于个人情况的改变也可以多次发送反馈信息，并且在程序中更新反馈信息标记并立即保存到手机存储器。

3.对本地收到的推送信息进行选择性的收藏（保存）

对于比较重要的通知，可以进行收藏。并在收藏的界面进行查看，具有删除单条收藏记录、删除全部收藏记录的功能。

这个收藏的功能就是为了当前推送历史记录过多时，删除后无法查看之前的比较重要的推送信息，从而单独收藏重要信息推送以便不时之需，如图9-2消息收藏图所示。

图9.2 消息收藏图

服务器的登录与个人连接状态

　　首次启动本程序，需要进行登录（使用POST请求），不登录无法使用。登录后通过JSON解析服务器返回的信息，将个人相关的用户名、姓名、所在组、权限等信息保存于手机本地，并以友好的形式展现在程序中供用户自己查看。

　　并且除非用户点击退出系统，否则就算重新启动程序、重新启动手机，连接的状态与服务依然是正常工作。类似于时下流行的"微信"的用户状态控制与推送健壮性，系统登录图如图9.3所示。

图9.3　系统登录图

　　拥有退出系统功能，将退出信息返回至服务器端，并且结束百度云推送的服务进程，保证退出后不会再收到来自服务器端的推送信息。

　　拥有修改用户密码功能。本地确认2次新密码是否一致，提交至服务器，并返回以确认修改成功与失败。

当用户忘记密码时，拥有一些找回密码的措施。

程序中有醒目的连接状态信息，当程序情况发生改变时，能立即准确地反映出程序与百度云的链接情况（或检测本地百度云服务进程是否正常工作）。

主动查询相关派遣信息

程序，不但用于被动式地接受推送信息，也可以主动的查询相关的派遣信息。比如可以主动在线查询当前用户所在任务活动中的同组工作人员名单。

可以在线查询当前用户收到推送的历史记录，以防本地用户误删除本地存储后无法查看之前收到的历史记录。

权限高级别的领导组成员可以在线查询全局派遣信息，比如查询各个组的人员名单，甚至更加详细的派遣信息，如图9.4信息派遣图，图9.5查询信息图所示。

图9.4 信息派遣图

图9.5 信息查询图

附加功能

为方便用户服务，特别是在救灾现场能派上用场的各种实用工具功能。比如在线查询指定城市的天气预报功能。

通过GPS或者网络定位，并自动查询当前位置的天气预报功能（图9.6）。

通过GPS定位或者网络定位，调用百度地图可视化界面，显示当前终端所处位置，以及路线查询功能，查询周围机场、火车站等信息的功能等。

图9.6 天气情况查询

系统分析与设计

JAVA+SDK+ADT开发环境

    Android是一种系统平台。开发它的应用需要一整套环境的合理配合，其中最核心的功能代码均是由Java语言实现的。Java是一种跨平台的语言。它的快速发展和广泛使用几乎就是由它的跨平台性质所促成的。其优秀的跨平台性质主要是由于在各个不同的操作系统平台都编写有一套与之匹配的JVM程序，这个程序可以在各个平台上建立一种可以运行统一格式的代码，即统一成".class"的格式，从而统一了Java代码，起到了实现跨平台的解决方案。提供这种在不同平台上运行Java程序的能力就是JRE。对于运行Java应用程序的情况，只需要JRE。但是，我们要开发Android程序不仅仅需要JRE（Java运行环境），也需要JDK（Java开发套件）。

    开发Android程序不仅需要Java的支持，还需要Android SDK、一个方便的集成开发环境（比如Eclipse）、Google公司提供的针对Eclipse的Android开发插件 ADT。

HttpPost WebService

    当前移动平台的程序开发都是秉承简洁、前轻后重的模式去开发的。因此，在移动端，尽可能使用方便可靠的WebService比自己去重新创造不稳定而且复杂的功能好得多。而且由于此系统本身就是以通信为目的的，因此与服务器端进行多次的HttpPost方式的链接以达到功能目的之用。

    天气预报功能的实现则是调用第3方百度天气的WebService API接口，采用HttpGet请求方式。返回的时JSON格式，再对JSON格式进行解析方可得到更加简洁明了的解析结果。此外，可通过服务器端的数据库查询同组人员信息、全局人员信息，本用户的通知在线记录以及反馈结果都可以使用HttpPost请求方式完成。

基于百度云推送的推送方式

百度云推送（Push）是百度开放云向开发者提供的消息推送服务；通过利用云端与客户端之间建立稳定、可靠的长连接来为开发者提供向客户端应用推送实时消息服务。

百度云推送服务支持三种推送类型：通知、消息及富媒体；支持向所有用户、根据标签分类向特定用户群体、向单个用户和基于地理位置推送消息；支持更多自定义功能（如自定义内容、后续行为、样式模板等）；提供用户信息及通知消息统计信息，方便开发者进行后续开发及运营。

正是由于百度云推送的这些特征符合本系统的要求，因此本系统使用了百度云推送的架构去实现及时的管理命令送达与紧急事件的通知，并可以进行定制。由于云推送的SDK版本不断改进，使推送更加可靠稳定，即使杀死程序进程，推送一样可以稳定地收到。并且本系统移动端设置为开机后台服务进程自启动，方便用户的使用。

AndroidGPS功能调用与百度SDK

随着基本功能的实现，为了使本系统的用户更加方便地应对救灾的复杂环境，本系统还提供了天气预报与定位功能，以及地图查询的功能。这些功能不仅对救灾指挥部分配任务意义重大，而且对应对突发事件以及用户自身的使用具有积极意义。比如，当救灾地形复杂，容易让人迷路，或者无法顺利到达任务指定地点的时候，可以使用地图功能和定位功能。本定位功能集成了GPS与网络定位的双重优势，自动切换，兼顾定位精度与定位速度。天气预报的功能对野外活动是必不可少的，本天气预报功能采用定位后自动查询天气与手动指定城市查询天气结合，方便灵活地给予用于最大的实用性。

附　　录

附录1
地震灾情相关术语

（1）发震时刻：指震源体开始破裂的时刻，常可表示为O或者T。它和地震的发生地点和地震的强度一起称为地震的三个基本要素。国际上使用格林尼治时间、中国使用北京时间标示。在地震分析中，无论近震或者远震都可以根据走时表求出发震时刻。如果已知某一台站的震中距，则可在走时表中查得相应的P波走时，然后将P波到时减去走时，即得到发震时刻。当然，现代地震目录中给出的地震的发震时刻通常是通过分析地震所在区域台网记录所计算出来的结果。

（2）地震震中：震源在地表的垂直投影点。采用中国地震局公告地震震中经纬度。

（3）地震震级：地震释放能量的大小。震级小于3级的地震为弱震；震级大于或等于3级，小于或者等于5级的地震为有感地震；震级大于5级小于6级的地震为中强震；大于或者等于6级的地震为强震，其中震级大于或者等于8级的地震为巨大地震。

（4）里氏震级：由两位来自美国加州理工学院的地震学家里克特（Charles Francis Richter）和古登堡（Beno Gutenberg）于1935年提出的一种震级标度，是目前国际通用的地震震级标准。它是根据离震中一定距离所观测到的地震波幅度和周期，并且考虑从震源到观测点的地震波衰减，经过一定公式，计算出来的震源处地震的大小。

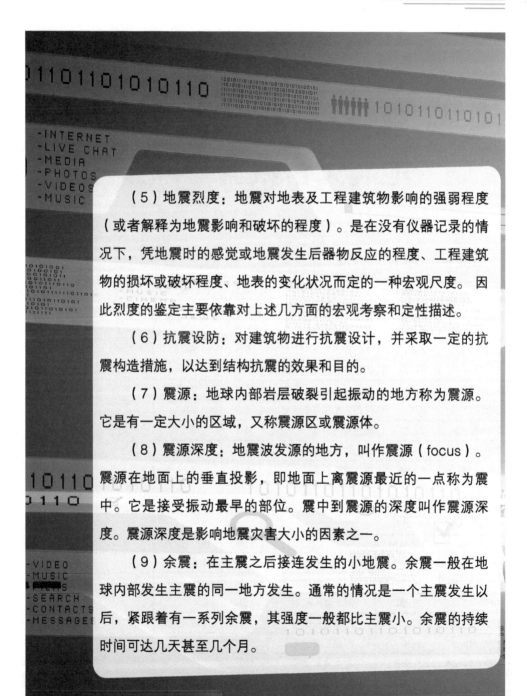

（5）地震烈度：地震对地表及工程建筑物影响的强弱程度（或者解释为地震影响和破坏的程度）。是在没有仪器记录的情况下，凭地震时的感觉或地震发生后器物反应的程度、工程建筑物的损坏或破坏程度、地表的变化状况而定的一种宏观尺度。因此烈度的鉴定主要依靠对上述几方面的宏观考察和定性描述。

（6）抗震设防：对建筑物进行抗震设计，并采取一定的抗震构造措施，以达到结构抗震的效果和目的。

（7）震源：地球内部岩层破裂引起振动的地方称为震源。它是有一定大小的区域，又称震源区或震源体。

（8）震源深度：地震波发源的地方，叫作震源（focus）。震源在地面上的垂直投影，即地面上离震源最近的一点称为震中。它是接受振动最早的部位。震中到震源的深度叫作震源深度。震源深度是影响地震灾害大小的因素之一。

（9）余震：在主震之后接连发生的小地震。余震一般在地球内部发生主震的同一地方发生。通常的情况是一个主震发生以后，紧跟着有一系列余震，其强度一般都比主震小。余震的持续时间可达几天甚至几个月。

附录2
地震灾害数据

福建省、湖北省、江西省

发震日期	发震时刻	地　点	震级	伤亡数/人
1978-8-10	3:36	福建省平潭县东南海域	5.4	0
1982-2-25	8:39	江西省龙南县	5.0	0
1987-8-2	17:07	江西省寻乌县	5.5	84
1995-2-25	11:15	福建省晋江市以南海域	5.3	0
1997-5-31	14:51	福建省永安市	5.2	0
2005-11-26	8:49	江西省九江市	5.7	778
2008-3-24	23:24	湖北省竹山县	4.2	0
2008-11-22	16:01	湖北省秭归县	4.1	1
2013-12-16	13:04	湖北省巴东县	5.1	4

河北省、北京市

发震日期	发震时刻	地　点	震级	伤亡数/人
1966-3-8	5:29	河北省邢台市	7.20	46515
1967-3-27	16:58	河北省河间市	6.3	935
1973-12-31	19:00	河北省河间市	5.3	0
1976-7-28	3:42	河北省唐山市	7.8	406000
1995-10-6	6:26	河北省唐山市	5.0	0
1996-12-16	5:36	北京市顺义区	4.5	0
1998-1-10	11:50	河北省张北县	6.2	11488
1999-3-11	21:18	河北省张北县	5.5	3

甘肃省

发震日期	发震时刻	地　点	震级	伤亡数/人
1984—1—6	7:34	甘肃省武威市	5.3	4
1990—10—20	16:07	甘肃省天祝县	6.2	96
1990—10—20	16:07	甘肃省天祝—景泰	6.2	29
1992—1—12	8:12	甘肃省嘉峪关市	5.4	0
1996—6—1	20:49	甘肃省天祝县	5.4	0
2000—6—6	18:59	甘肃省景泰县	5.9	24
2001—7—11	5:41	甘肃省肃南县	5.3	0
2002—12—14	21:27	甘肃省玉门市	5.9	350
2003—10—25	20:41	甘肃省民乐县	6.1	56
2003—11—13	10:35	甘肃省岷县	5.2	129
2006—6—21	0:52	甘肃省文县	5.0	20

黑龙江省、吉林省、辽宁省

发震日期	发震时刻	地　点	震级	伤亡数/人
1975—2—2	19:36	辽宁省海城市	7.30	18308
2005—7—25	23:43	黑龙江省大庆市	5.1	12
2008—7—7	14:32	黑龙江省龙江县	4.60	1
2009—3—20	14:48	吉林省四平市	4.30	0
2009—3—20	14:48	吉林省四平市	4.30	0
2009—4—18	11:56	吉林省珲春市	5.30	0

江苏省、安徽省

发震日期	发震时刻	地　点	震级	伤亡数/人
1974-4-22	8:29	江苏省溧阳市	5.5	222
1975-9-2	20:10	江苏省郎家沙	5.3	0
1979-3-2	15:20	安徽省固镇县	5.0	0
1979-7-9	8:57	江苏省溧阳市	6.0	2995
1987-2-17	11:03	江苏省射阳县	5.1	4
1990-2-10	1:57	江苏省常熟市	5.1	26
2011-1-19	12:07	安徽省安庆市	4.8	0
2012-7-20	20:11	江苏省高邮市与宝应县交界	4.9	4

内蒙古自治区

发震日期	发震时刻	地　点	震级	伤亡数/人
1976-4-6	0:54	内蒙古自治区和林格尔县	6.30	893
1979-8-25	0:59	内蒙古自治区五原县	6.0	108
1985-6-21	10:33	内蒙古自治区苏尼特右旗	5.3	0
1989-9-4	6:03	内蒙古自治区阿拉善右旗	5.1	0
1996-5-3	11:32	内蒙古自治区包头市	6.40	479
1999-1-29	6:28	内蒙古自治区锡林浩特	5.2	0
2003-8-16	18:58	内蒙古自治区巴林左旗	5.9	1068
2004-3-24	9:53	内蒙古自治区东乌珠穆沁旗	5.9	6

西藏自治区

发震日期	发震时刻	地　点	震级	伤亡数/人
1950-8-15	22:09	西藏自治区察隅县	8.5	4800
1998-7-20	9:05	西藏自治区通门县	6.1	0
2003-8-18	17:03	西藏自治区波密县	5.7	16
2005-4-8	4:04	西藏自治区仲巴县北	6.5	0
2008-1-9	16:26	西藏自治区改则县	6.9	0
2010-3-24	10:06	西藏自治区聂荣县	5.7	0

新疆维吾尔自治区

发震日期	发震时刻	地 点	震级	伤亡数/人
1996-3-19	23:00	新疆维吾尔自治区伽师县	6.9	152
1997-1-21	9:48	新疆维吾尔自治区伽师县	6.2	56
1997-3-1	14:04	新疆维吾尔自治区伽师县	6.0	7
1998-5-29	5:11	新疆维吾尔自治区皮山县	6.2	26
1998-5-29	5:11	新疆维吾尔自治区皮山县	6.2	28
1998-6-25	14:39	新疆维吾尔自治区温宿县	5.2	0
1998-8-27	17:03	新疆维吾尔自治区伽师县	6.6	24
2000-1-31	15:25	新疆维吾尔自治区若羌县	5.6	0
2003-2-24	10:03	新疆维吾尔自治区伽师县	6.8	2262
2003-2-24	1:34	新疆维吾尔自治区巴楚县	6.8	5121
2003-12-1	9:38	新疆维吾尔自治区伊犁哈萨克自治州	6.1	57
2005-2-15	7:38	新疆维吾尔自治区	6.3	0
2006-11-23	19:04	新疆维吾尔自治区乌苏市	5.1	0
2008-3-21	6:33	新疆维吾尔自治区和田市	7.3	0
2008-10-5	23:52	新疆维吾尔自治区乌恰县	6.8	0
2009-1-25	9:47	新疆维吾尔自治区伊犁哈萨克自治州	5.0	0

云南省、广东省、广西壮族自治区、贵州省

发震日期	发震时刻	地 点	震级	伤亡数/人
1969-7-26	6:49	广东省阳江市	6.4	1033
1970-1-5	1:00	云南省通海县	7.7	48052
1976-5-29	20:23	云南省龙陵县	7.4	2540
1977-10-19	10:44	广西壮族自治区平果市	5.0	37
1985-4-18	13:52	云南省禄劝县	6.3	322
1988-11-6	21:03	云南省耿马傣族佤族自治县	7.2	4743
1996-2-3	19:14	云南省丽江市	7.0	17221
1998-4-16	11:13	广西壮族自治区环江毛南族自治县	4.9	2
1998-11-19	19:38	云南省宁蒗彝族自治县	6.2	1605
1998-12-1	15:34	云南省宣威市	5.1	84
1999-11-25	0:40	云南省澄江市	5.2	13
2000-1-15	7:35	云南省姚安县	6.5	2535

续表

发震日期	发震时刻	地 点	震级	伤亡数/人
2000-1-27	4:55	云南省丘北县-弥勒市	5.5	69
2000-10-6	20:05	云南省陇川县	5.8	17
2001-3-12	16:57	云南省澜沧县	5	6
2001-7-10	7:51	云南省楚雄彝族自治州	5.3	1
2001-7-15	2:36	云南省江川县	5.1	4
2001-9-4	12:05	云南省景谷傣族彝族自治县	5	9
2001-10-27	13:35	云南省永胜县	6	221
2003-10-16	20:28	云南省大姚县	6.1	59
2003-11-15	2:49	云南省鲁甸县	5.1	34
2003-11-26	21:38	云南省鲁甸县	5	2
2004-9-17	2:31	广东省阳江市	4.9	0
2004-10-19	6:11	云南省保山市	5	15
2005-8-5	22:14	云南省会泽县	5.3	19
2005-8-5	22:14	云南省文山市	5.3	29
2006-7-22	9:10	云南省盐津县	5.1	206
2008-8-21	20:24	云南省盈江县	5.9	122
2010-1-17	17:35	贵州省贞丰县	3.4	14
2012-6-24	11:19	云南省丽江市	5.7	109

青海省、宁夏回族自治区

发震日期	发震时刻	地 点	震级	伤亡数/人
1970-12-3	3:12	宁夏回族自治区西吉县	5.5	525
1971-6-28	13:01	宁夏回族自治区吴忠市	5.1	0
1979-3-29	15:07	青海省玉树市	6.2	0
1980-4-18	3:25	青海省天骏县	5.2	0
1984-2-17	10:37	青海省祁连县	5.1	1
1984-11-23	17:45	宁夏回族自治区灵武市	5.3	0
1987-2-26	3:56	青海省茫崖市	6.1	0
1987-8-10	20:12	宁夏回族自治区灵武市	5.5	1
1988-1-4	5:32	宁夏回族自治区灵武市	5.5	0
1989-11-2	15:22	宁夏回族自治区固原市	5	0
1990-4-26	17:37	青海省共和县	7	174

续表

发震日期	发震时刻	地　　点	震级	伤亡数/人
1991－1－2	10:58	青海省祁连县	5.1	0
1991－9－2	19:05	青海省锡铁山镇	5	0
1991－9－20	19:16	青海省共和县	5.3	0
1991－10－1	0:33	青海省门源回族自治县	5.2	0
1993－9－5	4:22	青海省格尔木市	5.1	0
1994－1－3	13:52	青海省共和县	6	9
2000－9－12	8:27	青海省兴海县	6.6	5
2010－4－14	7:49	青海省玉树市	7.1	14295

山东省、河南省

发震日期	发震时刻	地　　点	震级	伤亡数/人
1983－11－7	5:09	山东省菏泽市	5.9	5184
1995－9－20	11:14	山东省苍山县	5.2	320
2010－10－24	16:58	河南省太康县	4.7	12

山西省、陕西省

发震日期	发震时刻	地　　点	震级	伤亡数/人
1989－10－19	1:01	山西省大同市－阳高县	6.1	160
1991－1－29	6:28	山西省忻州市	5.1	0
1999－11－1	21:25	山西省大同市－阳高县	5.6	70
2002－9－3	1:52	山西省太原市	4.7	0
2003－11－25	13:40	山西省洪洞县	4.9	11
2009－3－28	19:11	山西省原平市	4.2	0

四川省

发震日期	发震时刻	地　　点	震级	伤亡数/人
1933－8－25	15:50	四川省叠溪镇	7.5	20000
1976－8－16	22:06	四川省平武县	7.2	797
1976－11－7	2:04	四川省盐源县	6.7	495
1981－1－24	5:13	四川省道孚县	6.9	612
1982－6－16	7:24	四川省甘孜藏族自治州	6	24

续表

发震日期	发震时刻	地　　点	震级	伤亡数/人
1988-4-15	18:58	四川省会东县	5.2	20
1989-3-1	21:00	四川省小金县	5	0
1989-6-9	22:46	四川省石棉县	5.2	8
1989-9-22	10:25	四川省小金县	6.6	152
1993-5-24	7:57	四川省德格县	5	0
1993-8-7	16:36	四川省凤村乡（白天）	5	3
1994-12-30	2:58	四川省杨村镇（夜间）	5.7	133
1996-2-28	19:21	四川省宜宾市	5.4	10
1996-12-21	16:39	四川省白玉县-巴塘县	5.5	61
1999-9-14	20:54	四川省绵竹市	5	4
1999-11-30	16:24	四川省绵竹市	5	4
2001-5-24	5:10	四川省盐源县-云南省宁蒗彝族自治县之间	5.8	72
2003-8-21	10:17	四川省盐源县	5	9
2004-6-17	5:25	四川省宜宾市	4.7	10
2008-5-12	14:28	四川省汶川市	8	461788
2008-5-25	14:11	四川省青川县	6.4	780
2008-8-30	16:30	四川省攀枝花市	6.1	627
2010-1-31	5:36	四川省遂宁县	5	17
2011-4-10	17:02	四川省炉霍县	5.3	4
2013-4-20	8:02	四川省雅安市	7	13215
2013-5-15	16:31	四川省青川县	4.5	0

附录3
地质灾害数据

时　间	地　点	诱　因	类　型	伤亡数/人
2004-5-30	贵州省六盘水市水城县金盆乡营盘村	3个多小时强降雨	滑坡	16
2004-6-23	湖南省沅陵县、安化县	受强降雨袭击，形成群发滑坡崩塌灾害	群发滑坡崩塌	27
2004-6-30	四川省宜宾市兴文县两龙乡三村	连续降雨和暴雨	滑坡	18
2004-7-20	湖南省怀化市通道县独坡乡骆团村	修屋	滑坡	12
2004-8-13	浙江省乐清市、磐安县、天台县、永嘉县、玉环县	受"云娜"台风暴雨袭击	滑坡崩塌	43
2004-9-5	重庆市万州区、云阳县、开县，四川省达州市	遭遇百年一遇暴雨袭击	滑坡崩塌	87
2004-12-3	贵州省纳雍县鬃岭镇左家营村岩脚组后山	由于地形高陡、岩体开裂、暴雨和树木根劈作用发生危岩体崩塌	崩塌	57
2005-5-9	山西省吉县吉昌镇桥南村水洞沟209国道右侧	自然演化为主	崩塌	35
2005-6-23	福建省建瓯市七星街205国道	持续强降雨滑坡		23
2005-9-1	浙江省文成县石垟乡枫龙村	"泰利"台风强降雨	泥石流	16
2006-6-18	四川省甘孜藏族自治州康定县时济乡时桥头东岸	降雨	崩塌	17
2006-6-25	湖南省隆回县虎形山瑶族自治乡青山坳村	特大暴雨	泥石流	38

续表

时 间	地 点	诱 因	类 型	伤亡数/人
2006-7-14	福建省龙海市程溪镇和山村	人类活动与强降雨	泥石流	17
2006-7-14	福建省漳浦县中西林场	强降雨	滑坡	11
2006-7-14	四川省凉山州盐源县平川镇骡马堡二组	强降雨（30分钟降雨量50mm）	泥石流	23
2006-7-15	湖南省宜章县瑶岗仙钨矿废石坝	暴雨	泥石流	11
2006-7-15	湖南省永兴县樟树乡界江村下张家组	暴雨	滑坡	26
2006-8-11	浙江省庆元县荷地镇坪头村	强降雨、沟口建房	泥石流	15
2006-8-11	浙江省庆元县荷地镇石磨下村	强降雨	泥石流	20
2006-10-6	陕西省渭南市华县大明镇高楼村	黄土疏松、渠系渗漏和降水	滑坡	12
2007-4-22	山西省运城河津市下化乡半坡村	自然和人为因素	滑坡	13
2007-5-20	四川省凉山州雷波县莫红乡千拖村	降雨引发泥石流	泥石流	10
2007-5-24	四川省甘孜州九龙县乌拉溪乡河坝村庙子沟	降雨引发泥石流	泥石流	17
2007-5-25	四川省雅安市石棉县丰乐乡	自然因素	崩塌	26
2007-7-19	云南省腾冲县猴桥镇苏家河口电站施工工地	工程施工	滑坡	34
2007-8-10	四川省雅安市石棉县草科乡田湾河大发水电站	降雨	泥石流	15
2007-10-17	陕西省延安市吴起县薛岔乡薛岔村河沟村民小组	强降雨、地质条件差	崩塌	10
2008-6-13	山西省吕梁市离石区西属巴街道办上安村久兴砖厂	待定	崩塌	19
2008-8-9	云南省文山州马关县都龙花石头矿区	待定	滑坡	12
2008-9-24	四川省绵阳市北川县曲山镇任家坪村9社西山	待定	泥石流	17
2008-11-2	云南省楚雄彝族自治州	待定	滑坡泥石流	97

时　间	地　点	诱　因	类　型	伤亡数／人
2009-4-26	云南省昭通市威信县扎西镇小坝村羊梯岩	待定	滑坡	22
2009-5-16	甘肃省兰州市城关区九州石峡口小区	待定	滑坡	8
2009-6-5	重庆市武隆县铁矿乡鸡尾山	待定	崩塌	82
2009-7-23	四川省甘孜州康定县舍联乡响水沟	待定	泥石流	58
2009-8-6	四川省雅安市汉源县顺河乡境内猴子岩（距汉源县城10km）	待定	崩塌	49
2009-8-13	浙江省临安市清凉峰镇林竹村	待定	滑坡	13
2009-11-16	山西省吕梁市中阳县张子山乡张家砠村	待定	崩塌	23
2010-3-10	陕西省榆林市子洲县双湖峪镇双湖峪村	冰雪冻融	崩塌	27
2010-5-23	江西省东乡县孝岗镇何坊村沪昆铁路何坊段	强降雨	滑坡	19
2010-6-2	广西壮族自治区玉林市容县六王镇陈村	降雨	滑坡	12
2010-6-14	福建省南平市延平区县道延塔线11千米处	强降雨	滑坡	24
2010-6-14	四川省康定县捧塔乡双基沟	降雨	滑坡	23
2010-6-28	贵州省安顺市关岭县岗乌镇大寨村	降雨	滑坡	99
2010-7-18	陕西省安康市汉滨区大竹园镇七堰村	强降雨	滑坡	29
2010-7-18	陕西省安康市岚皋县四季乡木竹村	强降雨	滑坡	20
2010-7-20	四川省凉山州冕宁县棉沙湾乡许家坪村2组	降雨	滑坡	13

时　间	地　点	诱　因	类　型	伤亡数/人
2010-7-24	甘肃省华亭县东华镇前岭社区殿沟村民小组	强降雨	崩塌	13
2010-7-24	陕西省山阳县高坝镇桥耳沟村五组	强降雨	滑坡	24
2010-7-26	云南省怒江州贡山县普拉底乡咪各村米谷电站	降雨	泥石流	11
2010-7-27	四川省雅安市汉源县万工乡双合村一组	强降雨	滑坡	20
2010-7-29	甘肃省肃南县祁丰乡关山村观山脑	降雨	泥石流	10
2010-8-13	四川省绵竹市清平乡盐井村6组文家沟	降雨	泥石流	12
2010-8-18	云南省贡山县普拉底乡东月谷村东月谷河	降雨	泥石流	92
2010-9-1	云南省保山市隆阳区瓦马乡河东村大石房小组	降雨	滑坡	48
2010-9-21	广东省高州市、信宜市交界地区	台风"凡亚比"强降雨	群发滑坡、崩塌	33
2011-5-9	广西壮族自治区桂林市全州县咸水乡洛家村委广坑漕采石场	降雨	滑坡	23
2011-6-10	湖南省桃江县	待定	滑坡	8
2011-6-26	山西省代县新高乡白峪里村	待定	滑坡	13
2011-7-3	四川省阿坝州茂县南新镇绵簇村	待定	泥石流	8
2011-7-5	陕西省汉中市略阳县柳树坝	待定	崩塌	22

附录4
洪涝灾害数据

时　　间	地　　点	降 雨 量	伤亡数/人	失踪数/人
2000年6月中旬	福建省闽江、晋江、九龙江等江河发生洪水	未知	57	0
2000年6月	贵州省乌江、清水江等省内主要江河普遍发生洪水	未知	80	0
2000年7月11—14日	陕西省	未知	234	33
2000年7月中旬	四川省东部地区，巴中市、广安市、南充市等地受灾	未知	42	0
2000年7月	重庆	未知	48	0
2000年8月上中旬	云南省德宏州盈江县、怒江州兰坪县	未知	50	0
2001年5月底—6月上旬	云南省玉溪市、临沧市、西双版纳傣族自治州等8地	100mm	36	0
2001年7月	云南省受台风影响降暴雨	未知	161	0
2001年7月下旬	甘肃省定西市岷山县马坞乡	200mm/40min	40	6
2001年7月下旬—8月6日	山东省	400mm	10	
2002年6月8—9日	陕西省	未知	187	294
2002年6月11—16日	福建省闽江两大支流富屯溪、沙溪发生超警戒洪水	未知	81	17
2002年6月中下旬	四川省沱江支流釜溪河、岷江支流越溪河超警戒水位	未知	77	8
2002年6月10—16日	广西壮族自治区古宜河、漓江、龙江、洛清江	未知	15	0
2002年7月底—7月中旬	云南省昭通市、保山市、思茅市、怒江傈僳族自治州、玉溪市等地	未知	204	0

续表

时 间	地 点	降 雨 量	伤亡数/人	失踪数/人
2002年8月8日	湖南省郴州	未知	99	0
2003年5月16—17日	广东省梅州、河源、韶关暴雨	未知	29	0
2003年6月13日	云南省金平县	未知	13	2
2003年6月中下旬	四川省西南地区、盆地南部、岷江上游部分中小河流洪水	未知	42	
2003年7月	四川省盆地东北部、川南地区、川西高原的凉山、甘孜等	未知	96	43
2003年7月3日	重庆市	未知	16	0
2003年7月上旬	湖南省西北部澧水流域、西水流域	598mm	34	0
2003年8月28—9月初	四川省岷江、青衣江	未知	54	25
2003年8月23—27日	甘肃省庆阳市、武威市、陇南市、平凉市、天水市、定西市	未知	44	0
2003年8月中下旬—9月上旬	陕西省宁陕县	509mm	20	0
2004年6月下旬	湖南省	264mm	27	0
2004年7月17—20日	湖南省沅水、澧水全流域、资水中下游以及西、南洞庭湖	409mm	18	0
2004年7月5—6日	云南省德宏等地	288mm	19	23
2004年9月3—6日	四川省	464mm	103	24
2004年9月3—6日	重庆市	298mm	82	20
2005年4月下旬	贵州省罗甸县、遵义市、毕节市等地	未知	17	
2005年5月31—6月1日	湖南省	未知	84	37
2005年6月10日	黑龙江省牡丹江支流兰河地区	123mm/3h	117	0
2005年6月18—25日	广西壮族自治区中北部，西江干流江口、藤县分别出现历史最高水位洪峰	未知	56	0
2005年6月18—27日	广东省龙门、新丰	763.2mm/69h	65	0
2005年6月17—24日	福建省北部地区，闽江部分支流建溪、富屯溪、金溪发生超危险水位洪水	未知	31	0
2005年6月29—7月3日	四川省，长江支流、嘉陵江出现超警洪水	未知	31	0
2005年7月5—7月9日	四川盆地东北部巴中市、达州市、广安市等地	439mm	61	0

续表

时 间	地 点	降雨量	伤亡数/人	失踪数/人
2005年8月14—16日	湖北省十堰市、襄樊市等地部分县市	未知	33	0
2006年5月30—6月2日	福建省中部	200mm	22	0
2006年6月3—7日	福建省北部 闽江洪水	445mm	26	5
2006年6月8日	广西壮族自治区	271mm	13	0
2006年6月12—13日	贵州省南部、西南部	211mm	33	0
2006年6月17—18日	福建省西部	177mm/3h	19	0
2006年6月22—6月26日	湖北省大部分地区	240mm/7h	24	0
2007年6月5—6月9日	贵州省黎平县洪州河、威宁县猴场、罗甸县	未知	18	7
2007年6月9日	广东省梅州市等地	未知	21	0
2007年7月28—30日	陕西省武关河	未知	23	28
2007年7月16—18日	重庆市	主城区266.6mm/24h,沙坪坝区陈家桥镇408.2mm/48h	56	6
2007年7月9—11日	四川省沱江中下游,长江上游干流支流强降雨	未知	16	0
2007年7月16—19日	云南省大盈江支流槟榔江流域,腾冲县槟榔江苏家河口水电站滑坡	未知	24	0
2007年7月18—19日	山东省济南市	市区151mm/ih	41	4
2007年7月29—30日	河南省卢氏县	182mm/10h	72	16
2007年8月7—9日	陕西省关中、陕南部分乡镇	未知	25	38
2008年5月25—26日	贵州省紫云县、安顺市区	未知	20	8
2008年7月20—22日	四川省绵阳市	未知	12	3
2008年8月6日	云南省红河市、文山市、昭通市等地	未知	29	0
2008年9月22—26日	四川省流江流域	未知	21	41
2009年7月23—30日	湖南省	399.5mm/24h	16	0
2009年7月26—27日	四川省	累计188.7mm,117.5mm/6h	24	4
2009年7月30—31日	湖北省	116mm/4h	5	0
2010年5月31—6月1日	广西壮族自治区	未知	52	0
2010年6月13—21日	福建省闽江、顺昌县武夷山、延平区日降雨量突破最大	未知	98	74

主要参考文献

[1] 刘久成,王达林,何跃忠,等.日本灾害医学救援体系考察报告[J].中国急救复苏与灾害医学杂志,2007(3):158-160.

[2] 武秀昆.突发公共卫生事件应急医疗总体方案设计[J].中国医院管理,2004(7):4-6.

[3] 赵长勇.面向智慧医疗的诊断信息数据挖掘应用研究[D].杭州：浙江大学，2014.

[4] 吴建伟,赵娟.浅谈应急装备物资的动态信息化管理[J].科技创新导报，2011(30): 216.

[5] 帅向华,姜立新,王栋梁.国家地震应急指挥软件系统研究[J].自然灾害学报，2009,18(3):99-104.

[6] 南敏庚.基于智能医疗平台的"医键通"系统设计与实现[D].西安:西安电子科技大学,2011.

[7] 严万能.创伤评分在基层医院创伤患者救治中的应用[J].浙江创伤外科，2011,16(2):276-277.

[8] 陈维庭.创伤评分法现状及展望[J].创伤外科杂志，2000(2):65-67.

[9] 郭小微,李开南.创伤评分的研究进展[J].中国骨与关节损伤杂志,2013, 28(4):399-400.

[10] 曹光磊,沈惠良.创伤评分及结果预测系统的发展与现状[J].中华创伤杂志,2004(8):64-66.

[11] 郑通彦,郑毅.2011年中国大陆地震灾害损失述评[J].自然灾害学报,2012, 21(5):88-97.

[12] 黄英.地震灾害后护理工作作用探讨[J].中国公共卫生,2008(10):1159-1160.

[13] 兰秀夫,王爱民.创伤评分在伤情评估和风险预测中的研究进展[J].创伤外科杂志,2008(4):373-375.

[14] 张强,刘朋.移动位置信息服务平台接口软硬件设计[J].测绘学院学报,2004(3):196-199.

[15] 郭君,艾福利,蒋卫国,等.自然灾害风险分析智联网中的柔性地理信息及其应用[C]//风险分析和危机反应中的信息技术——中国灾害防御协会风险分析专业委员会第六届年会论文集.[出版地不详：出版源不详],2014.

[16] 郭红梅,黄丁发,陈维锋,等.城市地震现场搜救指挥辅助决策系统的设计与开发[J].地震研究,2008(1):83-88.

[17] 李雪莉,栾港.基于GIS/GPS/GSMSS的灾害应急医疗救援系统[J].中外医疗,2008(23):155.

[18] 蒋科.基于领域概念定制的主题爬虫系统的设计与实现[D].西安:西安电子科技大学,2007.

[19] CHAKRABARTI S, BERG M V D, DOM B. Focused crawling: a new approach to topic-specific Web resource discovery[J].Computer Networks, 1999, 31(11-16)；1623-1640.

[20] 刘洁清.网站聚焦爬虫的研究[D].南昌:江西财经大学,2006.

[21] HERSOVICI M, HEYDON A, MITZENMACHER M, et al. The shark-search algorithm-an application: tailored Web site mapping [J].Computer Networks and ISDN Systems, 1998,30（1-7）:317-326.

[22] MENCZER F. Complementing search engines with online web mining agents [J]. Decision Support System, 2003, 35（2）195-212.

[23] DILIGENTI M, COETZEE F, LAWRENCE S, et al. Focused crawling using context graphs [C]//In Proceedings of 26th International Conference on

Very Large Database. Cairo, Egypt:[s.n.], 2000.

[24] CHO J,GARCIA–MOLINA H. The evolution of the web and implications for an incremental crawler [C]// In Proceedings of the 26th International Conference on Very Large Database. Cairo, Egypt:[s.n.], 2000.

[25] 文坤梅，卢正鼎. 搜索引擎中基于分类的网页更新方法研究[J].计算机科学，2004，31（9）:2–5.

[26] YAN H F, WANG J Y, LI X M, et al. Architectural design and evaluation of an efficient Web–crawling system[J].Journal of Systems and Software, 2002, 60(3):185–193.

[27] 曾伟辉,李淼. 深层网络爬虫研究综述[J].计算机系统应用,2008(5):124–128.

[28] RAGHAVAN S, GARCIA M. Crawling the hidden Web [EB/OL].[2019–08–12]. http://www.doc88. com/ p–1068553012685.html.

[29] 陈北川，刘施建.生物攻击的应急医学救援[M]//肖振中.突发灾害应急医学救援.上海：上海科学技术出版社，2007.

[30] 杜新安，曹务春.生物恐怖的应对与处置[M].北京：人民军医出版社，2005.

[31] 马静，史套兴，田青，等.生物恐怖袭击事件特点及其医学应对处置能力建设[J].解放军预防医学杂志，2008：26（5）：313.

[32] 王忠灿，王长军，郁兴明.生物恐怖威胁及应急医学救援的思考[J].东南国防医药，2009，11（2）：184–186.

[33] 程天民，军事预防医学[M].北京:人民军医出版社，2006：835.

[34] 曹丽.战略物资储备规模优化问题分析[J].北京理工大学学报（社会科学版），2006,8（4）：18–20.

[35] 方磊，何建敏.应急系统优化选址的模型与其算法[J].系统工程学报，2003, 18（1）：49–54.

[36] 方磊,何建敏.给定限期条件下的应急系统优化选址模型及算法[J].管理工程学报,2004,18(1):48-51.

[37] 建国.中央级救灾物资储备仓库在地震紧急救援中的作用[J].国际地震动态2004(8):22-28.

[38] 龚英.从东南亚海啸看我国灾害救助物流[J].综合运输,2005(6):44-47.

[39] 杨天青,姜立新,杨桂岭.地震人员伤亡快速评估[J].地震地磁观测与研究,2006,27(4):39-43.

[40] 宋春玉,王文康.基于指数拟合的强震震级与余震长度的研究[J].甘肃联合大学学报(自然科学版),2013,26(6):21-23.

[41] 吴恒璟,冯铁男,洪中华,等.基于遥感图像的地震人员伤亡预测模型研究[J].同济大学学报(医学版),2013(5):36-39.

[42] 吴昊昱.地震死亡人数的分布与震后快速估计的方法研究[D].北京:中国地震局地球物理研究所,2009:8-12.

[43] 周浩.线性数据拟合方法的误差分析及其改进应用[J].大学数学,2013(1):70-76.

[44] 施伟华,陈坤华,谢英情,等.云南地震灾害人员伤亡预测方法研究[J].地震研究,2012,35(3):387-392.

[45] 张洁,高惠瑛,刘琦.基于汶川地震的地震人员伤亡预测模型研究[J].中国安全科学学报,2011,21(3):59-64.

[46] 何明哲,周文松.基于地震损伤指数的地震人员伤亡预测方法[J].哈尔滨工业大学学报,2011,43(4):23-27.

[47] 田鑫,朱冉冉.基于主成分分析及BP神经网络分析的地震人员伤亡预测模型研究[J].西北地震学报,2013,34(4):365-368.

[48] 田丽莉.地震灾害人员伤亡影响因素分析及人员伤亡估算公式[D].北京:首都经济贸易大学,2012.

[49] 周光全,卢永坤,非明伦,等.地震灾害损失初步评估方法研究[J].地震研究, 2010, 33(2):208-215.

[50] 马玉宏,谢礼立.地震人员伤亡估算方法研究[J].地震工程与工程振动, 2000, 20(4):140-147.

[51] 刘金龙,林均岐.基于震中烈度的地震人员伤亡评估方法研究[J].自然灾害学报, 2012,21(5):113-119.

[52] 周光全,施卫华,毛燕.云南地区地震灾害损失的基本特征[J].自然灾害学报, 2003, 12(3):81-86.

[53] 孙艳萍,窦玉丹,张明媛,等.基于神经网络的震害损失评估模型[J].防灾减灾工程 学报,2010, 30（S1）: 168-171.

[54] 李媛媛,苏国峰,翁文国,等.地震人员伤亡评估方法研究[J].灾害学,2014, 29(2): 223-227.

[55] 晏凤桐.地震灾情的快速评估[J].地震研究,2003,26(4):382-387.

[56] JAISWAL K S, WALD D J, EARLE P S, et al. Earthquake casualty models within the USGS prompt assessment of global earthquakes for response (PAGER) system[M]//Human Casualties in Earthquakes. Netherlands： Springer， 2011: 83-94.

[57] LIU T, YANG K, PENG S, et al. The design and implementation of seismic casualties assessment system of Yunnan province based on GIS[C]// Geoinformatics (GEOINFORMATICS), 2013 21st International Conference on. [S.l.]:IEEE, 2013: 1-5.

[58] FENG T, HONG Z, FU Q, et al. Application and prospect of a high-resolution remote sensing and geo-information system in estimating earthquake casualties[J]. Natural Hazards and Earth System Science, 2014, 14(8):

2165-2178.

[59] SHI W, CHEN K, XIE Y, et al. Prediction method research on casualties due to earthquake disaster in Yunnan[J]. Journal of Seismological Research, 2012, 3: 16.

[60] 杨亚.关于3S 技术在矿山地质灾害评估与监测中的应用研究[J].科技致富向导, 2014(20):40.

[61] 王小平,王芳.基于WebGIS的区域地质灾害灾情动态评估系统的实现技术研究 [J].资源环境与工程,2009,23(2):175-179.

[62] 唐中实,欧文浩,刘睿,等.三峡库区地质灾害灾情评估系统设计与实现[J]. 自然灾 害学报,2014,23(4):60-66..

[63] 倪红升,徐玉琳.四川绵竹市地质灾害灾情分析[J].地质学刊,2009,32(4): 271-274.

[64] SUN Q P, CHEN W Q.A freight time-value-dependent logistics intermodal minimum cost path model and algorithm[C]//Downloaded 16 Times International Conference of Logistics Engineering and Management. [S.l.:s.n.],2010.

[65] CHENG S Y, YAN H F,YIN Q L, et al.The distribution path optimization problem of emergency logistics[EB/OL].[2019-03-23]./http://en.cnki. com.cn/ Article _en/CJFDTotal-LTKJ201903012.htm.

[66] CHANG C G,CHEN D W.SONG X Y.Logistics routes optimization model under large scale emergency incident.logistics systems and intelligent management [EB/OL].[2019-03-23].https://www.wendangwang.com/ doc/9364b4ae0f52420800ea8bf2.

[67] DAI Y,MA Z J.Location and routing models for emergency logistics systems

in natural disasters[C]//Eighth International Conference of Chinese Logistics and Transportation Professionals.[S.l.:s.n.],2008.

[68] 李永丽，张海龙，刘衍珩.基于共生遗传算法求解应急资源调度[J].吉林大学学报,2011,41(2):442-446.

[69] 徐琴,马祖军,李华俊.城市突发公共事件在应急物流中的定位——路径问题研究[J].华中大学学报,2008(6):36-40.

[70] 辜勇.面向重大突发事件的区域应急物资储备与调度研究[D].武汉:武汉理工大学，2009.

[71] 严万能.创伤评分在基层医院创伤患者救治中的应用[J].浙江创伤外科, 2011, 16(2):276-277.

[72] 陈维庭.创伤评分法现状及展望[J].创伤外科杂志,2000(2):65-67.

[73] 郭小微,李开南.创伤评分的研究进展[J].中国骨与关节损伤杂志,2013,28 (4): 399-400.

[74] 曹光磊,沈惠良.创伤评分及结果预测系统的发展与现状[J].中华创伤杂志, 2004 (8):64-66.

[75] 郑通彦,郑毅. 2011年中国大陆地震灾害损失述评[J].自然灾害学报,2015,31 (2):202-208.

[76] 黄英.地震灾害后护理工作作用探讨[J].中国公共卫生, 2008 (10):1159-1160.

[77] 洪毅，马明，郑宏，等.新疆维吾尔自治区麻醉学科现状调查[J].中华医院管理杂志,2011,27(5)：363-366.

[78] 雷二庆.程红群，吴乐山.医院应急医学救援能力问题分析及对策[J].中华医院管理杂志,2011,27(5)：351-353.

[79] 徐靖，刘俊兰，刘子先，等.基于作业调度的医院手术室病例调度策略研究[J]. 中华医院管理杂志,2011,27(6):417-420.